普通高等教育"十三五"规划教材

无机及分析化学实验

WUJI JI FENXI HUAXUE SHIYAN

王天喜　牛红英　范淑敏　主编

化学工业出版社

·北京·

内容提要

《无机及分析化学实验》遵循着夯实基础知识，扎实基本技能，最后提高的思路，先讲化学实验的目的和任务，然后是实验室安全、实验报告的书写要求，再进行化学实验基本操作练习，学习常用仪器的操作技能，然后进行基本技能训练，最后达到综合运用所学技能进行综合性和设计性实验。实验内容的顺序先无机后化学分析，再到仪器分析，最终综合技能训练。共包含40个基础性实验、9个综合性和设计性实验。

《无机及分析化学实验》是在新工科建设教学实践中为工程类专业编写的基础化学实验教材，可作为化工、制药、生物、新能源、农林等众多工程专业的教材，也可供相关领域的科研人员参考。

图书在版编目（CIP）数据

无机及分析化学实验/王天喜，牛红英，范淑敏主编．—北京：化学工业出版社，2020.10（2024.9重印）
普通高等教育"十三五"规划教材
ISBN 978-7-122-37561-2

Ⅰ.①无… Ⅱ.①王…②牛…③范… Ⅲ.①无机化学-化学实验-高等学校-教材②分析化学-化学实验-高等学校-教材 Ⅳ.①O61-33②O65-33

中国版本图书馆CIP数据核字（2020）第152959号

责任编辑：刘俊之　宋林青	文字编辑：刘志茹
责任校对：张雨彤	装帧设计：韩　飞

出版发行：化学工业出版社（北京市东城区青年湖南街13号　邮政编码100011）
印　　装：三河市双峰印刷装订有限公司
787mm×1092mm　1/16　印张10　字数249千字　2024年9月北京第1版第6次印刷

购书咨询：010-64518888　　　　　　　　　　　　　　售后服务：010-64518899
网　　址：http://www.cip.com.cn
凡购买本书，如有缺损质量问题，本社销售中心负责调换。

定　价：25.00元　　　　　　　　　　　　　　　　　　　　　　　　版权所有　违者必究

《无机及分析化学实验》编写人员

主　　编：王天喜　　牛红英　　范淑敏
副 主 编：王丙星　　白秀芝　　刘善芹
　　　　　李芸玲　　张　伟　　范文秀

前言

全球经济一体化的发展和科学水平的不断提升对人才培养提出了新的要求，在科技革命背景下提出的新工科建设是我国追赶并引领世界工程教育的一项改革举措，其中的新理念、新模式和新质量的实现，需要构建科学的课程体系。"无机及分析化学"课程是化工、制药、生物、新能源等众多工程专业的一门基础课，也是一门以实验为基础的课程，因此，新工科背景下创新与改革"无机及分析化学实验"课程具有重要意义。本教材在编写过程中力求体现新工科人才培养理念与要求，从学生主体认知特点出发，凸显前沿性、交叉性与综合性，探索适应新工科背景下的无机及分析化学实验内容的革新，以满足新形势下人才培养的需求。

《无机及分析化学实验》是高等学校众多工科专业（非化学专业）"无机及分析化学"教材的配套教材，是河南科技学院多年从事无机及分析化学实验教学一线教师在新工科背景下，在研究、选择使用多个无机及分析化学实验教材版本的基础上，不断总结教学经验而完成的一部基础实验课教材。对高等学校许多工科专业来说，无机及分析化学实验在课程体系和人才培养体系方面占有很大的比重和重要的位置。无机及分析化学实验教学，目的是加深学生对无机与分析化学的基本理论和基础知识的理解，锻炼学生动手能力，培养学生分析问题的能力，强调学生在实验过程中注重"量"的观念；通过完成实验报告，培养学生初步的科研写作能力；同时希望学生能综合运用所学的基本理论知识和基本实验技能，独立完成综合实验或者设计性实验，培养学生分析问题和解决问题的能力，使其初步具备科学研究的能力。因此，本课程对学生综合素质的培养具有重要意义，尤其能够提高学生的实践能力和创新能力，对新工科背景下人才培养理念的实现具有重要意义。

本教材的编写遵循着夯实基础知识，扎实基本技能，循序渐进，最后提高的模式。从内容的顺序上先无机后化学分析，再到仪器分析，最终综合技能训练，包括七个篇章，40个基础性实验，9个综合性和设计性实验。

本书参考了国内很多优秀教材，力求概念准确，内容深入浅出，简明扼要，与时俱进，有所创新。本书具有以下特色：

（1）从内容的顺序看，遵循着循序渐进的学习模式。教材从学生的认知特点出发，先讲化学实验的目的和任务，然后是实验室安全、实验报告的书写要求，再进行化学实验基本操作练习，学习常用仪器的操作技能，然后再进行基本技能训练，最后达到综合运用所学技能进行综合性和设计性实验。

（2）从实验内容来看，遵循着夯实基础知识，扎实基本技能，最后提高的思路，前两篇注重基础知识，后四篇侧重基本技能训练，最后一篇综合提升学生分析问题解决问题的能力。

（3）从实验内容的设计和挑选来看，实验内容充实、有层次、难易适当。前六篇内容的学习基本能达到锻炼学生基本技能和基本写作能力的目的。

(4) 综合性和设计性实验紧密联系生产、生活实际，并且具有一定的开放性，有利于激发学生参与实验的积极性，提高学生学习兴趣；也有助于提高学生探索和解决问题的主动性，在主动思考中形成创新的思维模式。

本书由王天喜、牛红英、范淑敏任主编，王丙星、白秀芝、刘善芹、李芸玲、张伟和范文秀任副主编。全书由主编和范文秀共同审阅和定稿。具体编写分工是：绪论和第一篇，刘善芹负责；第二篇，白秀芝负责；第三篇，范淑敏负责；第四篇，王丙星负责；第五篇，牛红英负责；第六篇，李芸玲和新乡学院的张伟负责；第七篇，王天喜负责；附录由范文秀和新乡学院的张伟负责。

本书的编写得到了范文秀教授全面的指导和建议，在此表示深深的感谢。本书的编写参考了许多相关教材，在此向文献原作者深表谢意。本书的编写得到了河南科技学院"2020年河南省新工科研究与实践项目"的资助，得到了河南科技学院教务处、化学化工学院和相关学院领导的大力支持，同时得到了化学工业出版社编辑的指导与帮助，在此一并表示诚挚的感谢。

由于编者水平有限，本书不足之处在所难免，恳切希望读者批评指正，将不胜感激。

编者
2020 年 6 月

目录

绪论 ·· 1
    0.1 化学实验的目的和任务 ·· 1
    0.2 化学实验的学习方法 ·· 1

第一篇　无机及分析化学实验基础知识 ·· 3

第 1 章　实验室安全须知 ·· 3
    1.1 实验室规则 ··· 3
    1.2 实验室安全知识 ·· 4
    1.3 常见伤害的救护 ·· 4
    1.4 实验室事故的处理 ·· 5
    1.5 实验室必备急救药品 ·· 6

第 2 章　实验报告的书写及实验数据的处理 ··· 7
    2.1 实验报告书写格式及要求 ··· 7
    2.2 有效数字及实验数据的记录 ··· 9
    2.3 实验数据的处理 ·· 11
    2.4 实验结果的评价及表达方式 ··· 13

第二篇　无机及分析化学实验的基本操作技能 ·· 15

第 3 章　化学实验基本操作 ··· 15
    3.1 实验室用水的要求及制备 ··· 15
    3.2 常见玻璃器皿及其他辅助器具的介绍 ·· 16
    3.3 常用玻璃仪器的洗涤与干燥 ··· 24
    3.4 加热方法及温度的测量与控制 ··· 26
    3.5 试剂的取用与溶液的配制 ··· 31
    3.6 分离方法与技术 ·· 33
    3.7 滴定分析基本操作 ·· 38

第 4 章　无机及分析化学实验常用仪器操作技能 ·· 42
    4.1 天平 ·· 42
    4.2 酸度计基本原理及使用方法 ··· 43
    4.3 电导率仪介绍及使用方法 ··· 46
    4.4 可见分光光度计的介绍及使用方法 ·· 48

第三篇 化学实验基本操作训练 ········· 51

实验一　玻璃仪器的认领、洗涤和干燥 ········· 51
实验二　玻璃管加工及塞子钻孔 ········· 52
实验三　纯水的检验 ········· 55
实验四　台秤和电子天平称量练习 ········· 56
实验五　缓冲溶液的配制及溶液 pH 值的测定 ········· 57
实验六　粗食盐的提纯 ········· 60
实验七　滴定分析基本操作练习 ········· 62
实验八　容量器皿的校准 ········· 63
实验九　分光光度法中系列标准溶液的配制及工作曲线的绘制 ········· 65

第四篇 基本原理实验 ········· 67

实验十　胶体的性质和制备 ········· 67
实验十一　五水硫酸铜的制备及提纯 ········· 69
实验十二　硫代硫酸钠的制备 ········· 71
实验十三　酸碱平衡 ········· 73
实验十四　沉淀溶解平衡 ········· 75
实验十五　氧化还原平衡 ········· 77
实验十六　配位平衡 ········· 79

第五篇 物理常数的测定 ········· 82

实验十七　摩尔气体常数的测定 ········· 82
实验十八　二氧化碳分子量的测定 ········· 84
实验十九　化学反应速率常数的测定 ········· 86
实验二十　凝固点降低法测定分子量 ········· 89
实验二十一　化学反应热效应的测定 ········· 92
实验二十二　乙酸解离度和解离平衡常数的测定（pH 法） ········· 95
实验二十三　溶度积常数的测定（离子交换法） ········· 96
实验二十四　磺基水杨酸合铁（Ⅲ）配合物的组成及稳定常数的测定 ········· 98

第六篇 定量分析化学实验 ········· 102

实验二十五　盐酸和氢氧化钠溶液的标定 ········· 102
实验二十六　食醋溶液中 HAc 含量的测定 ········· 103
实验二十七　双指示剂法测定混合碱的组分和含量 ········· 104
实验二十八　铵盐中含氮量的测定（甲醛法） ········· 105
实验二十九　凯氏定氮法测定奶粉中的蛋白质 ········· 106
实验三十　食盐中氯含量的测定（莫尔法） ········· 109
实验三十一　EDTA 标准溶液的配制和标定 ········· 110
实验三十二　水硬度的测定 ········· 111

实验三十三　高锰酸钾标准溶液的配制与标定 …………………………………… 112
实验三十四　碘和硫代硫酸钠标准溶液的配制与标定 …………………………… 113
实验三十五　高锰酸钾法测定双氧水中 H_2O_2 的含量 …………………………… 115
实验三十六　重铬酸钾法测定亚铁盐中铁的含量 ………………………………… 116
实验三十七　维生素 C 含量的测定 ………………………………………………… 117
实验三十八　间接碘量法测定硫酸铜中铜含量 …………………………………… 118
实验三十九　邻二氮菲分光光度法测定微量铁 …………………………………… 119
实验四十　　磷钼蓝分光光度法测定土壤全磷量 ………………………………… 120

第七篇　综合性实验和设计性实验　122

实验四十一　污水中化学耗氧量（COD）的测定（高锰酸钾法）……………… 122
实验四十二　废干电池的回收和利用 ……………………………………………… 124
实验四十三　银量法废液中银的回收 ……………………………………………… 127
实验四十四　含铬废水的测定及其处理 …………………………………………… 128
实验四十五　饲料中铜含量的测定 ………………………………………………… 130
实验四十六　配位滴定法测定蛋壳中钙、镁含量 ………………………………… 131
实验四十七　固体酒精的制作 ……………………………………………………… 132
实验四十八　盐酸-氯化铵混合溶液各组分含量的测定 …………………………… 133
实验四十九　黄铜中铜锌含量的测定 ……………………………………………… 134

附录　135

附录 1　国际原子量表（2013）…………………………………………………… 135
附录 2　常见化合物的摩尔质量 …………………………………………………… 137
附录 3　不同温度下水的密度 ……………………………………………………… 139
附录 4　不同温度下水的饱和蒸气压 ……………………………………………… 140
附录 5　常用基准物质 ……………………………………………………………… 141
附录 6　常用标准缓冲溶液及配制 ………………………………………………… 142
附录 7　常用缓冲溶液及配制 ……………………………………………………… 142
附录 8　常用酸、碱的浓度 ………………………………………………………… 143
附录 9　常用指示剂 ………………………………………………………………… 143
附录 10　水溶液中某些离子的颜色 ……………………………………………… 147
附录 11　部分化合物的颜色 ……………………………………………………… 148
附录 12　常见氢氧化物沉淀的 pH ………………………………………………… 150
附录 13　常见难溶化合物的溶度积常数 ………………………………………… 151

参考文献　152

绪　论

0.1　化学实验的目的和任务

《无机及分析化学》是高等院校许多非化学专业学生必修的一门基础课程。《无机及分析化学实验》是该课程配备的实验教材。化学中所学的很多知识都源于实验，同时又被实验所检验。通过实验课程的学习，不仅能够巩固化学理论课的基础知识、基本原理，更重要的是培养学生基本的操作技能、分析和解决问题的能力，并提高学生的科学素养，养成严谨的实事求是的科学态度。因此，实验在《无机及分析化学》的课程教学中占有极其重要的地位。其教学目的和任务是：

（1）通过实验使学生获得大量物质变化的感性知识，进一步熟悉元素及其化合物的重要性质和反应，便于理解和掌握课堂讲授的基本原理和基础知识。

（2）使学生得到基本操作和基本技能的训练，初步了解和掌握重要无机化合物的一般分离、提纯和制备方法，掌握定量测定物质含量所采用的化学分析和仪器分析的方法。

（3）使学生学会正确使用无机及分析化学实验中的各种常用仪器，学会测定实验数据，并正确地处理实验数据，培养学生独立思考的能力，锻炼学生对实验数据进行分析并能用文字表达实验结果的能力。

（4）培养学生具有严谨的实事求是的科学态度，准确、细致、整洁等良好的科学习惯以及科学的思维方法，以利于学生初步掌握科学研究的方法。

0.2　化学实验的学习方法

掌握化学实验的基本操作与技能是无机及分析化学实验教学的主要目标之一，为了完成这一目标，学生不仅要具有正确的学习态度，还要有正确的学习方法。无机及分析化学实验的学习方法大致可分为以下三个方面。

（1）课前预习

为了使实验能获得良好的效果，实验前必须进行预习，主要包括：

① 明确实验的目的和要求。

② 阅读实验教材、课程教材和参考资料中的有关内容，理解实验的基本原理。

③ 了解实验的内容、步骤、操作过程和实验时应注意的问题。

④ 认真思考与本实验有关的一些问题，并用所学过的基本原理加以解决。

⑤ 查阅教材附录、参考书、手册，收集实验所需的化学反应方程式及所需数据等。

⑥ 简要地写好实验预习报告，预习报告主要包括实验目的、简要的实验原理与计算公式、实验步骤或流程图、数据记录与处理等。

（2）认真实验

学生在教师指导下独立进行实验是实验课的主要教学环节，也是训练学生正确掌握实验技能的重要手段。实验时，原则上应按教材上所提示的步骤、方法和试剂用量进行，若提出新的实验方案，应经教师批准后方可进行。实验课要求做到下列几点：

① 认真听老师讲解实验内容。

② 做好实验准备工作，如实验台的擦拭、玻璃仪器的洗涤及仪器的检查等。

③ 按正确方法进行实验操作，仔细观察现象，及时并如实地做好实验记录。

④ 如果发现实验现象和理论不符合，应尊重实验事实，认真分析和检查原因，也可以做对照试验、空白试验或自行设计实验来核对，必要时应重做实验，从中得到相应的结论。

⑤ 实验过程中应勤于思考，仔细分析，争取自己解决问题，但遇到疑难问题而自己难以解决时，可与同学或者老师相互讨论。

⑥ 在实验过程中，严格遵守实验室规则。实验后做好结束工作，包括清洗和整理实验仪器、药品，清扫实验室，检查并关闭电源、自来水开关，关好门窗等。

（3）完成实验报告

实验报告是对所学知识进行归纳和总结的过程，也是培养严谨、实事求是科学态度的重要措施。实验后要及时分析实验现象，整理实验数据，完成实验报告并及时交老师审阅。实验报告要求按一定格式书写，字迹端正，叙述要简明扼要，实验记录、数据处理需使用表格形式，所作图形准确清楚，结论明确。实验报告一般应包括下列几个部分：

① 实验预习报告：按实验目的、实验原理、实验步骤等简要书写（实验前完成）。

② 记录部分：实验现象、测定的原始数据记录（实验时完成）。

③ 结论部分：实验现象的分析、解释、结论；原始数据的处理、误差分析；结果讨论的回答等（实验后完成）。

第一篇

无机及分析化学实验基础知识

第 1 章　实验室安全须知

1.1　实验室规则

实验室规则是人们在长期的实验室工作中归纳总结出来的，它可以防止意外事故，保持正常的实验环境和工作秩序。遵守实验室规则是做好实验的重要前提，主要包括以下内容：

（1）学生在参加实验前，必须认真预习实验内容，明确实验目的、原理、步骤及操作规程，做好预习工作。

（2）学生进入实验室后，未经教师准许不得随意开始实验，不得乱动仪器、药品或其他设备用具。教师讲授完毕，凡有不明确的问题，应及时向教师提出，在完全明确本次实验各项要求，并经教师同意后，方可进行实验。

（3）实验时，应穿上实验工作服，不得穿拖鞋，以防药品撒到衣服上或者脚上。

（4）学生做实验时，要严格按规定的步骤和要求进行操作，按规定的量取用药品。如称取药品后，应及时盖好原瓶盖并放回原处，不得做规定以外的实验，凡遇疑难问题应及时问教师，不得自行其是。

（5）学生做实验时，应按照要求，仔细观察实验现象，并正确记录；实验所得数据与结果，不得涂改或弄虚作假，必须如实记在记录本上。

（6）学生进行实验时，要注意安全，爱惜仪器和试剂。如有损坏，必须及时登记补领。

（7）实验中必须保持肃静，不准大声喧哗，不得到处乱走。

（8）实验中要注意实验室及实验台的卫生工作。如实验台上的仪器应整齐地放在一定的位置上，并经常保持台面的清洁；废纸、火柴梗和碎玻璃等应倒入垃圾箱内；较稀的酸、碱废液倒入水槽后应立即用水冲洗，较浓的酸碱废液应倒入相应的废液缸中。

（9）使用精密仪器时，必须严格按照操作规程进行操作，细心谨慎，避免因粗心大意而损坏仪器。如发现仪器有故障，应立即停止使用并报告教师。使用后必须自觉填写仪器使用登记本。

（10）实验结束时，应将所用仪器洗净并整齐地放回柜内。实验台及试剂架必须擦净，经教师或实验员检查实验记录和实验台合格后方可离开实验室。

（11）室内任何物品，严禁私自拿出室外或借用。需在室外进行实验时，所需物品应经教师或实验员同意，列出清单查核登记后方可带出室外。实验完毕后及时清理，如数归还。

（12）实验中，凡人为损坏或遗失仪器设备及工具时应追查责任，给予批评教育。并按有关规定办理赔偿手续。

（13）每次实验后由学生轮流值勤，负责打扫和整理实验室，并检查水龙头、煤气开关、门、窗是否关紧，电闸是否关闭，以保持实验室的整洁和安全。

（14）实验室属重点防护场所，非实验时间除本室管理人员外，严禁任何人随意进入；实验时间内非规定实验人员不得入内。室内存放易燃、易爆、有毒及贵重的物品，必须按有关部门的规定妥善保管。每次实验完毕后，实验员应进行安全检查，确认无误后方能离开实验室。

（15）实验室必须配备灭火设备，如灭火器、石棉布、沙子等。

（16）实验室应配备处理人员意外受伤的急救药箱。

1.2　实验室安全知识

化学实验中会经常接触各种易燃、易爆、有腐蚀性和有毒的化学药品，易碎的玻璃仪器、电器等仪器，因此化学实验室常常隐藏着诸多危险，实验前同学们必须明确化学实验室安全知识，其内容如下：

（1）使用水、电、煤气、试剂等应注意节约；电、气、火用完即关，同时注意不要用湿手接触电源；点燃的火柴用后立即熄灭，不得乱扔。

（2）严禁在实验室内饮食、吸烟，或把食具带进实验室。实验完毕，必须洗净双手后才能离开实验室。

（3）严格按实验步骤及要求做实验，绝对不允许随意更改实验步骤或混合各种化学药品，以免发生意外事故。

（4）实验室所有药品不得带出室外，用剩的有毒药品应如数还给教师。

（5）洗液、浓酸、浓碱具有强腐蚀性，应避免溅落在皮肤、衣服、书本、台面上，更应防止溅入眼里。

（6）倾注药剂或加热液体时，不要俯视容器，以防溅出。试管加热时，切记不要使试管口向着自己或别人。

（7）不要俯向容器去嗅放出的气味。闻气味时，应该是面部远离容器，用手把离开容器的气流慢慢地扇向自己的鼻孔。能产生有刺激性或有毒气体（如 H_2S、HF、Cl_2、CO、NO_2、Br_2 等）的实验必须在通风橱内进行。

（8）有毒药品（如重铬酸钾、钡盐、铅盐、砷的化合物、汞的化合物，特别是氰化物）不得进入口内或接触伤口。剩余的废液也不能随便倒入下水道。

（9）易燃、易爆及有毒试剂的使用，必须在掌握其性质及使用方法后方可使用。

（10）实验室产生的废气、废液及废渣必须经过处理后方可排弃，禁止任意混合各种试剂药品，以免发生意外事故。

1.3　常见伤害的救护

(1) 割伤

皮肤被玻璃等割伤应先取出伤口处玻璃碎屑等异物，不能用手抚摸或用水洗涤伤处。若轻伤，可用生理盐水或硼酸洗液擦洗伤处，涂上紫药水（或碘酒），必要时撒些消炎粉，并用绷带包扎或者在洗净的伤口处贴上创可贴，可立即止血；伤势较重时，应先按紧主血管以防止大量出血，并用酒精在伤口周围清洗消毒，立即送往医院治疗。

(2) 烫伤

一旦被火焰、蒸气、红热的玻璃、铁器等烫伤时，立即将伤处用大量水冲洗，以迅速降温避免深度烧伤。伤处皮肤未破时可涂上饱和 $NaHCO_3$ 溶液或用 $NaHCO_3$ 粉调成糊状敷于伤处，也可抹烫伤膏；如果伤处皮肤已破，可涂些紫药水或 $10\%KMnO_4$ 溶液。

(3) 酸蚀致伤

若强酸溅到皮肤上，应立即用大量水冲洗，后用 $3\%\sim5\%$ $NaHCO_3$ 溶液冲洗，最后用水冲洗。若强酸溅到眼睛内，用大量水冲洗后，送医院诊治。

(4) 碱蚀致伤

若强酸溅到皮肤上，先用大量水冲洗，再用 2% 乙酸溶液或 $1\%\sim2\%$ 硼酸溶液清洗，最后用水冲洗。如果碱溅入眼中，先用大量清水冲洗，再立刻用硼酸溶液清洗。

(5) 溴蚀致伤

用苯或甘油清洗伤口，再用水冲洗。

(6) 磷灼伤

若被磷灼伤，用 1% 硝酸银或 5% 硫酸铜溶液洗伤口，然后包扎。

(7) 吸入刺激性或有毒气体

吸入氯气、氯化氢气体时，可吸入少量酒精和乙醚的混合蒸气解毒；吸入硫化氢或一氧化碳气体而感到不适时，应立即到室外呼吸新鲜空气；吸入二氧化硫时，立即离开现场，呼吸新鲜空气，如发现肺浮肿应输氧；眼受刺激时用 2% 苏打水冲洗。

(8) 毒物进入口内

将 $5\sim10\text{mL}$ 稀硫酸铜溶液加入一杯温水中，口服后用手指伸入咽喉部，促使中毒者呕吐出毒物，然后立即送医院。

(9) 伤势较重者，应立即送医院

1.4 实验室事故的处理

(1) 触电

先切断电源，必要时进行人工呼吸。

(2) 漏水

先关掉总水阀，把仪器等挪开后用水清理干净，最后检查哪里有问题，可以请专业人士进行检查并维修。

(3) 起火

起火后，要立即灭火，还要采取切断电源、移走易燃药品等措施防止火势蔓延。要针对起因选用合适的灭火方法。一般的小火可用湿布、石棉布或沙子覆盖燃烧物来灭火，火势大时应使用泡沫灭火器。但电器设备所引起的火灾，应使用二氧化碳或四氯化碳灭火器灭火，不能使用泡沫灭火器，以免触电。活泼金属如钠、镁以及白磷等着火，宜用干沙灭火，不能用水、泡沫灭火器等。实验人员衣服着火时，切勿惊慌乱跑，赶快脱下衣服，或用石棉布覆盖着火处，或就地卧倒打滚，使火焰熄灭。如果火势太大，立即打119报警。

常用灭火器介绍见表1-1。

表 1-1　常用灭火器介绍

灭火器类型	灭火剂成分	适用范围
泡沫灭火器	$Al_2(SO_4)_3$ 和 $NaHCO_3$	适用于油类起火
二氧化碳灭火器	液态 CO_2	适用于扑灭忌水的火灾,如电器设备和小范围油类火灾等
酸碱式灭火器	H_2SO_4 和 $NaHCO_3$	非油类和非电器的一般火灾
干粉灭火器	碳酸氢钠等盐类物质与适量的润滑剂和防潮剂	适用于不能用水扑灭的火灾,如精密仪器、油类、可燃性气体、电器设备、图书文件和遇水易燃物品的初起火灾
四氯化碳灭火器	液态 CCl_4	适用于扑灭电器设备,小范围的汽油、丙酮等失火

1.5　实验室必备急救药品

（1）消毒剂：碘酒、75%的卫生酒精棉球等。

（2）外伤药：龙胆紫药水、消炎粉和止血粉等。

（3）烫伤药：烫伤油膏、凡士林、玉树油、甘油等。

（4）化学灼伤药：5%碳酸氢钠溶液、2%乙酸、1%硼酸、5%硫酸铜溶液、医用双氧水、三氯化铁的酒精溶液等。

（5）治疗用品：药棉、纱布、创可贴、绷带、胶带、剪刀、镊子、注射器等。

（6）急救手册。

第 2 章　实验报告的书写及实验数据的处理

2.1　实验报告书写格式及要求

实验完毕后，用专门的实验报告本认真地写出实验报告。常见的实验报告主要包括：实验目的、实验原理、实验步骤、数据记录与处理、问题讨论等部分。下面介绍几种常见的实验报告书写格式及要求。

格式 1
对于滴定分析实验，实验报告的常用格式如下：

实验序号及名称：＿＿＿＿＿＿＿＿＿＿＿＿＿＿
姓名：＿＿＿＿＿＿＿　　实验台号：＿＿＿＿＿＿
实验日期：＿＿＿＿年＿＿＿＿月＿＿＿＿日

一、实验目的
实验目的应围绕实验原理、实验方法的学习和操作技能的掌握进行归纳总结。
二、实验原理
实验原理应简单明了，尽可能以方程式等进行简单叙述。
三、实验步骤
实验步骤一般采用简单的流程方式或分为几个步骤进行书写，要分层次进行书写。
四、原始记录
滴定剂：＿＿＿＿＿＿＿＿；指示剂：＿＿＿＿＿＿＿＿

项目	1	2	3	4(备用)
基准物质或样品质量/g				
试液体积/mL				
滴定记录				
初读数/mL				
终读数/mL				
消耗体积/mL				

指导教师签字：＿＿＿＿＿＿＿＿
五、数据处理
M（基准物质或被测物质）＝＿＿＿＿＿＿＿＿ g/mol

项目	1	2	3
基准物质或样品质量/g			
滴定剂用量/mL			
标准溶液的浓度/(mol/L) 或被测物质的质量分数 w			
标准溶液浓度平均值/(mol/L) 或被测物质质量分数 w 平均值			
相对平均偏差/%			

六、注意事项

七、思考题

格式 2

对于常数测定实验，实验报告中常将原始数据记录与数据处理合并在一起。如摩尔气体常数的测定，其实验报告格式如下：

实验序号及名称：实验二　摩尔气体常数的测定

姓名：_____　实验台号：_____

实验日期：_____年_____月_____日

一、实验目的

二、实验原理

三、实验步骤

四、数据记录与处理

$M(Mg)=$_____ g/mol　　R（理论值）=_____ kPa·L/(mol·K)

项　目	1	2
镁条质量 m/g		
室温 $t/℃$		
室温 $(T=273.15+t)/K$		
大气压 p/kPa		
T 时水的饱和蒸气压 $p(H_2O)/kPa$		
氢气的分压 $[p(H_2)=p-p(H_2O)]/kPa$		
反应前量气管液面读数 V_1/mL		
反应后量气管液面读数 V_2/mL		
氢气的体积 $V(H_2)/L$		
摩尔气体常数 R（测定值）$/[kPa·L/(mol·K)]$		
摩尔气体常数 R（平均值）$/[kPa·L/(mol·K)]$		
摩尔气体常数 R（理论值）$/[kPa·L/(mol·K)]$		
测量的相对误差 $/\%$		

指导教师签字：_____

五、注意事项

格式 3

性质实验一般没有实验数据，但有颜色的变化、沉淀的生成或者气泡的产生等现象。实验过程中应仔细观察和记录实验现象，并分析产生该现象的原因。性质实验的实验报告可将实验步骤、实验记录和实验结论合并去写。

性质实验的实验报告格式：

实验序号及名称：_____

姓名：_____　实验台号：_____

实验日期：_____年_____月_____日

一、实验目的

二、实验原理

三、仪器与试剂

四、实验内容和记录

实验内容	实验现象	原因或结论
实验 1		
实验 2		
实验 3		
……		

指导教师签字：

2.2 有效数字及实验数据的记录

(1) 有效数字

有效数字是指实际工作中能测量到的有实际意义的数字，它是由准确数字和一位估计数字两部分组成。有效数字不仅表示数值的大小，而且反映了测量仪器的精密程度及数据的可靠程度。

(2) 有效数字的位数

有效数字的位数是根据分析方法和仪器的准确度来决定的，记录所得到的数据中只有最后一位是不确定性的数字，而其他数字均为确定的数字。确定有效数字位数的规则为：

① 第 1 个非零数字及其后的数字均为有效数字。

② 数字"0"具有双重意义。在其他非零数字之间或之后的"0"为有效数字；在第一个非零数字之前起定位作用的"0"不是有效数字。例如：

1.2104	25.315	5 位
0.2000	24.03	4 位
0.0120	1.63×10^{-6}	3 位
0.0030	5.0	2 位
0.06	0.3	1 位

③ 当需要在数的末尾加零作定位用时，最好采用指数形式表示，否则有效数字的位数含糊不清。如 3600 可以根据有效数字的位数写成 3.6×10^3，3.60×10^3 或 3.600×10^3。

④ 分析化学中还经常遇到 pH，pK_a，lgK 等对数值，其有效数字位数取决于小数部分的位数，因整数部分只说明该数的方次。例如：

$$pH=12.68 \qquad 2 位$$
$$pK_a=4.75 \qquad 2 位$$

⑤ 对于非测量所得的数字，如倍数、分数或常数（如 6、1/2、e）等，其有效数字可视为无限多位，根据具体情况来确定。

⑥ 改变单位并不改变有效数字的位数。例如，滴定管读数 20.30mL，两个零都是测量数字，均为有效数字，这个数据为四位有效数字。若改用 L 表示则是 0.02030L，这时前面的两个零仅起定位作用，不是有效数字，此数仍为四位有效数字。

(3) 有效数字的修约规则

对数据进行处理时，须根据各步测量的准确度及有效数字的计算规则，合理保留有效数字位数。目前多采用"四舍五入"或"四舍六入五成双"的方法对数字进行修约。"四舍六入五成双"的做法是：当尾数≤4时则舍；尾数≥6时则入；尾数等于5，而后面数字为零时，"5"前面为偶数则舍，为奇数则入；当"5"后面数字不是零时，无论前面是偶数还是奇数皆入。

例如，将下列值修约为四位有效数字：

$$0.52664 \longrightarrow 0.5266$$
$$0.362668 \longrightarrow 0.3627$$
$$10.2350 \longrightarrow 10.24$$
$$250.650 \longrightarrow 250.6$$
$$6.26745 \longrightarrow 6.267$$

(4) 有效数字的运算规则

① 计算中应先修约后计算。

② 加减运算中，当几个数据相加或相减时，它们的和或差的有效数字的保留，应以各数中小数点后位数最少，即绝对误差最大的数据为依据，将多余的数字修约后再进行加减运算。例如：

$$0.0121 + 25.64 + 1.027$$
$$= 0.01 + 25.64 + 1.03$$
$$= 26.68$$

③ 乘除运算中，当几个数据相乘除时，它们的积或商的有效数字位数应以各数中有效数字位数最少，即相对误差最大的数据为准，将多余的数字修约后再进行乘除。例如：

$$0.0121 \times 25.64 \times 1.027$$
$$= 0.0121 \times 25.6 \times 1.03$$
$$= 0.319 \text{（0.3190528，最后结果需要再修约）}$$

(5) 实验数据的记录

实验过程中，现象、数据的记录称为原始记录。对于实验记录，学生应有专门的实验记录本，标上页数，不允许将数据记在单页纸上或记在一张小纸片上。实验记录本应与实验报告本分开。

实验过程中的各种测量数据及有关现象应及时、准确而清楚地记录下来。记录实验数据时，要有严谨的科学态度，要实事求是，决不能随意拼凑和伪造数据。如发现数据算错、测错或读错而需要改动时，可将该数据用一横线划去，并在其上方写上正确的数字。实验过程中涉及的各种特殊仪器的型号和标准溶液浓度等，也应及时准确记录下来。记录实验过程中的测量数据时，应注意其有效数字的位数。用分析天平称量时，要求记录至 0.0001g；滴定管及吸量管的读数，应记录至 0.01mL；用分光光度计测量溶液的吸光度时，如吸光度在 0.6 以下，应记录到 0.001 的读数，大于 0.6 时，则要求记录至 0.01 读数。实验记录上的每一个数据都是测量结果，重复观测时，即使数据完全相同，也应记录下来。对文字记录，应整齐清洁。对数据记录，应用一定的表格形式。在预习实验内容时，应做好如何记录的准备工作。实验记录往往根据实验性质的不同有不同的格式，举例如表 1-2~表 1-4 所示。

表 1-2 滴定记录

实验序号	1	2	3
m(碳酸钠)/g			
V(盐酸)(终)/mL			
V(盐酸)(初)/mL			

表 1-3　性质实验记录

	实验步骤	实验现象	原因或结论
胶体的性质			

表 1-4　称量记录

称量顺序	质量/g	试样质量/g
称量瓶+试样		
倒出第一份试样后		
倒出第二份试样后		
倒出第三份试样后		

2.3　实验数据的处理

在化学实验中，经常需要对大量实验数据进行处理和计算，为了准确、直观地表达这些数据的内在关系，常将实验数据用列表法、作图法及代数法来表示。

（1）列表法

用列表法处理实验数据时，应注意以下几点：

① 表格名称　每一表格均应用简练的文字给出适当的名称。

② 名称和量纲　在对应数据的行或列上写出变量的名称和量纲。

③ 各列数据的小数点应对齐　表格法的优点是简单，但不能表示出数据间连续变化的规律和实验数值范围内任意自变量与因变量的对应关系，故列表法常用于组织数据，并与作图法及代数法混合应用。

（2）作图法

将实验数据用几何图形表示出来的方法称为作图法。作图法能简明地揭示各变量之间的关系，例如数据中的极大值、极小值、转折点、周期性等都很容易从图像上找出来。有时进一步分析图像还能得到变量间的函数关系。用作图法处理数据时，应注意以下几点：

① 坐标的选择　习惯上以横坐标表示自变量，纵坐标表示因变量。坐标标度选定后，在纵、横坐标旁应注明轴变量的名称及单位，并在纵坐标左面和横坐标下面对应刻度线上标注该变量对应的值，方便读数。

② 点和线的描绘　代表某一读数的点可用 ●、△、▲、◆、□ 等不同的符号表示，符号的重心对应着该数据的纵、横坐标，整个符号的大小应与图的大小相适应。在曲线的极大、极小或转折处应多取一些点，以保证曲线所表示规律的可靠性。在定量分析中，自变量和因变量有确定的线性关系，将各点连接起来时，连接线要尽量平滑，不一定必须通过每一个点，但要照顾到各点。在一般的性质测定时，连接线一般要尽量通过每一个点。

如果发现个别点远离曲线，又不能判断被测物理量在此区域会发生什么突变，就要充分分析一下是否有过失误差存在，如果确属这一情况，描线时可不考虑此点。但是，如果重复实验仍有同样情况，就应在这一区间重复进行仔细的测量，搞清在此区域内是否存在某些必然的规律，并严格按照上述原则描线，切不可毫无理由地舍弃远离曲线的点。

如果在同一个图上绘制多条曲线时，每条曲线的代表点和对应曲线要用不同的符号或者颜色来表示，并在图上说明。

③ 图名和说明　曲线作好后应在图上注明图名，标注上主要测量条件，如温度、压力、

浓度、时间等。

（3）代数法

代数法是用化学计量学方法找到自变量与因变量之间的关系，并用方程式表示其内在关系的一种方式。化学计量学方法有多种，其中主成分回归、偏最小二乘、支持向量回归等方法在回归分析中得到了较为广泛的应用。

在仪器分析中，自变量和因变量的关系已确定，可以用线性回归法确定自变量和因变量之间的函数关系。以光度分析为例，由吸收定律可知，吸光度与浓度之间满足线性方程：

$$y_i = bx_i + a \, (i=1, 2, 3\cdots, n)$$

式中，y_i 为在任意给定浓度 x_i 下吸光度的测定值。根据最小二乘法可求出 a 和 b 的最佳值和相关系数 R。

$$b = \frac{L_{xy}}{L_{xx}}, a = \frac{1}{n}\left(\sum_{i=1}^{n} y_i - b\sum_{i=1}^{n} x_i\right), R = \frac{L_{xy}}{\sqrt{L_{xx}L_{yy}}}$$

其中

$$L_{xy} = \sum_{i=1}^{n}(x_i - \bar{x})(y_i - \bar{y}) = \sum_{i=1}^{n} x_i y_i - \frac{1}{n}\sum_{i=1}^{n} x_i \sum_{i=1}^{n} y_i$$

$$L_{xx} = \sum_{i=1}^{n}(x_i - \bar{x})^2 = \sum_{i=1}^{n} x_i^2 - \frac{1}{n}\left(\sum_{i=1}^{n} x_i\right)^2$$

$$L_{yy} = \sum_{i=1}^{n}(y_i - \bar{y})^2 = \sum_{i=1}^{n} y_i^2 - \frac{1}{n}\left(\sum_{i=1}^{n} y_i\right)^2$$

按上述公式计算 b 和 a，即可得到回归方程。将被测组分的吸光度代入方程，则可算出被测组分的含量。

相关系数 R 越大，方程的线性越好。一般要求相关系数 R 在 0.9 以上。

代数法的实现可通过 Office Excel 软件或 Origin 软件来完成。以分光光度法测定铁含量的数据为例，测定数据见表 1-5，吸光度与浓度的关系符合朗伯-比尔定律。

以 Office Excel 2007 为例，Excel 绘制工作曲线方法步骤如下：

① 打开 Excel 主程序，在表格中输入表 1-5 数据，第 1 列输入铁的浓度，第 2 列输入对应的吸光度值。

表 1-5　铁的浓度及对应吸光度

铁的浓度/(μg/50mL)	20.0	40.0	60.0	80.0	100
吸光度 A	0.072	0.158	0.224	0.302	0.374

② 选中输入的数据，依次点击"插入""散点图"，在"散点图"中选择第一个"仅带数据标记的散点图"（"散点图"类型中有 5 种选择，可根据需要选择数据点和平滑选项。如果仅表示数据之间的变化趋势，可选择除"散点图"以外的任一种形式；如果进行线性回归，则应选择"仅带数据标记的散点图"）。

③ 在 X、Y 轴中分别输入"铁的浓度/(μg/50mL)"和"吸光度 A"。

④ 用鼠标点击数据点，并点击鼠标右键，选中"添加趋势线"，则出现一对话框。在对话框中选中线性，再点击"趋势线选项"，并选中"显示公式"和"显示 R 平方值"，再点击"关闭"，即可得工作曲线和线性方程。图表进一步处理，可得到 Excel 绘制的工作曲线和线性回归方程，见图 1-1（图中 y 为吸光度，x 为铁的浓度，R 为相关系数）。

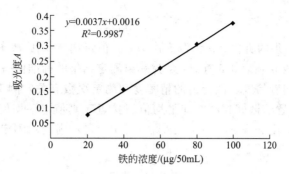

图 1-1 Excel 方法绘制的工作曲线

2.4 实验结果的评价及表达方式

实验结果的表达常用质量分数、物质的量浓度、体积分数、质量摩尔浓度等表示。为了衡量分析结果的精密度，一般要求先多次测量求平均值，再用单次测量结果的相对偏差、平均偏差、标准偏差、相对标准偏差、极差和置信区间表示出来，这些是实验中最常用的几种实验结果的评价方法。

若对某一样品测定 n 次，其测定结果分别为 x_1、x_2、x_3、$\cdots$、x_n，则其算术平均值为：

$$\bar{x} = \frac{x_1 + x_2 + \cdots + x_n}{n}$$

绝对偏差为：

$$d_1 = x_1 - \bar{x}, d_2 = x_2 - \bar{x}, \cdots, d_n = x_n - \bar{x}$$

平均偏差为：

$$\bar{d} = \frac{|d_1| + |d_2| + \cdots + |d_n|}{n}$$

相对平均偏差为：

$$R_{\bar{d}} = \frac{\bar{d}}{\bar{x}} \times 100\%$$

标准偏差为：

$$s = \sqrt{\frac{\sum_{i=1}^{n} d_i^2}{n-1}} = \sqrt{\frac{d_1^2 + d_2^2 + \cdots + d_n^2}{n-1}}$$

相对标准偏差为：

$$CV = \frac{s}{\bar{x}}$$

极差是一组测定结果中最大值与最小值的差值。相对极差是极差占测定结果算术平均值的百分数。若只有两次测定结果，极差也称为相差。

在对某一试样进行分析后，不仅要报出分析结果，而且还要给出该分析结果的置信区间及可靠程度。在有限次的测定后，其分析结果可表示为：

$$\mu = \bar{x} \pm \frac{ts}{\sqrt{n}}$$

式中，μ 为分析结果的真值；n 为测定次数；t 值可由置信度 P（测定值落在某一范围内的概率）和测定次数 n 在表 1-6 查出；s 为一组测定结果的标准偏差。

置信区间的宽窄与置信度、测定值的精密度和测定次数有关，测定值精密度越高（s 越小），测定次数越多，置信区间越窄，即平均值越接近于真值，平均值越可靠。例如，某一样品的分析结果在置信度 95% 时，$\mu = (28.34 \pm 0.07)\%$，则表示测定结果出现在这一范围的概率为 95%。

表 1-6 t 值表

测定次数 n	置信度 P		
	90%	95%	99%
2	6.314	12.706	63.657
3	2.920	4.303	9.925
4	2.353	3.182	5.841
5	2.132	2.776	4.604
6	2.015	2.571	4.032
7	1.943	2.447	3.707
8	1.895	2.365	3.500
9	1.860	2.306	3.355
10	1.833	2.262	3.250
11	1.812	2.228	3.169
21	1.725	2.086	2.846
∞	1.645	1.960	2.576

第二篇

无机及分析化学实验的基本操作技能

第 3 章　化学实验基本操作

3.1　实验室用水的要求及制备

(1) 化学实验用水的分类

从化学观点看,绝对的纯水实际上是不存在的。根据实验室对水的纯度的要求不同,通常可将水分为以下几种:

① 蒸馏水　将天然水用蒸馏器蒸馏得到的水叫蒸馏水。由于绝大多数无机盐类不挥发,因此,蒸馏水较纯净,适用于一般分析工作。由蒸馏而得的纯水,因蒸馏器的材料不同,其所带杂质亦不同。目前使用的蒸馏器由玻璃、铜和石英等材料制成。蒸馏法只能除去水中非挥发性的杂质,不能除去溶解在水中的气体。其相关指标见表 2-1。

表 2-1　蒸馏水相关指标

纯化方法	杂质含量/(mg/L)			
	Cu	Zn	Mn	Mo
铜制蒸馏器(内壁为锡)蒸馏(一次蒸馏水)	0.01	0.002	0.001	0.002
一次蒸馏水用硬质玻璃蒸馏器蒸馏一次	0.001	0.00012	0.0002	0.000002
一次蒸馏水用硬质玻璃蒸馏器蒸馏两次	0.0005	0.00004	0.00001	0.000001
一次蒸馏水用硬质玻璃蒸馏器蒸馏三次	0.0004	0.00004	0.0001	0.000001
硬质玻璃蒸馏器蒸馏一次	0.0016	0		
耶纳玻璃蒸馏器蒸馏一次	0.0001	0.003		

② 去离子水　用离子交换树脂处理原水所获得的水称为去离子水。去离子水的相关指标见表 2-2。用此法制备纯水的优点是:操作简便设备简单、出水量大、成本低。在一般情况下有代替蒸馏法制备纯水的趋势。离子交换树脂处理能除去原水中绝大多数无机盐类、碱和游离酸,但不能除去有机物和非电解质,而且尚有微量树脂溶在水中。要获得既无电解质又无微生物等杂质的纯水就需要将离子交换水进行蒸馏一次。为了消除非电解质的杂质和提高实验室中离子交换树脂的利用率,应采用普通蒸馏水代替原水进行离子交换处理。

表 2-2 去离子水的杂质含量

杂质	Cu^{2+}	Zn^{2+}	Mn^{2+}	Mo^{4+}	Mg^{2+}	Ca^{2+}	Fe^{3+}
含量$\times 10^{-9}$	<0.002	0.05	<0.02	<0.002	2	0.2	0.02
杂质	Sr^{2+}	Ba^{2+}	Pb^{2+}	Cr^{3+}	Co^{2+}	Ni^{2+}	B,Sn,Si,Ag
含量$\times 10^{-9}$	<0.06	0.006	0.02	0.02	<0.002	0.002	可检出

③ 电渗析水 电渗析法是在外电场的作用下,利用阴、阳离子交换膜对溶液中离子的选择性透过而使溶质和溶剂分离,从而达到净化水的目的。此方法除去杂质的效率较低,适用于要求不很高的分析工作。由于水的纯度关系到整个分析的成败,所以这个用量极大的溶剂必须定期监控。合格的纯水标准见表 2-3。

表 2-3 合格的纯水标准

电阻率(25℃)	$>5\times 10^5 \Omega \cdot cm$	重金属(以 Pb 表示)	<10ng/mL
硅酸盐(SiO_2)	<10ng/mL	还原高锰酸盐的物质	合格(见注)

注:500mL 水中加 1mL 浓硫酸和 0.03mL 0.002mol/L 高锰酸钾溶液,在室温放置 1h 后,高锰酸盐的粉红色不完全褪去为合格。

(2)化学实验用水的级别及主要指标

为了适应不同用途对水的要求,水的纯度可做进一步的区分,可分为 4 级,其主要指标及用途见表 2-4。

表 2-4 水的纯度指标

性质用途	级别			
	一	二	三	四
全物质最高含量/(mg/L)	0.1	0.1	1.0	2.0
最高电导/μS	0.06	1.0	1.0	5.0
最低电阻/MΩ	16.66	1.0	1.0	0.20
pH(25℃)	6.8~7.2	6.6~7.2	6.5~7.5	5.0~8.0
用途	可配制痕量金属离子溶液时使用	为二次蒸馏水,适用于无机痕量分析实验	用于一般化学实验	可用在纯度要求不很高的场合

(3)思考题

① 你认为实验室用水与生活用水有何关系?想一想生活用水经过了哪些处理?
② 在过滤冲洗沉淀时,你觉得用何种水较为理想?

3.2 常见玻璃器皿及其他辅助器具的介绍

无机及分析实验常用仪器介绍见表 2-5。

表 2-5 无机及分析实验常用仪器介绍

仪器与名称	材质与规格	使用说明
烧杯	玻璃质或塑料质。玻璃质分硬质和软质,有一般形和高形、有刻度和无刻度等几种。一般以容积表示规格,有 50mL、100mL、250mL、500mL、1000mL、2000mL 等规格	玻璃烧杯常用于大量物质的反应容器,可以加热。加热时烧杯底部要垫石棉网,所盛反应液体一般不能超过烧杯容积的 2/3,也可用于配制溶液。塑料质(聚四氟乙烯)烧杯常用于强碱性溶剂或氢氟酸分解样品的反应容器。加热温度一般不能超过 200℃

续表

仪器与名称	材质与规格	使用说明
锥形瓶 碘量瓶	玻璃质,分硬质和软质、有塞(磨口)和无塞、广口和细口等几种。一般以容积表示规格,有50mL、100mL、250mL、500mL等规格	用作反应容器、接收容器、滴定容器(便于振荡)和液体干燥等。加热时应垫石棉网或用水浴,以防破裂。 有塞的锥形瓶又叫碘量瓶,在间接碘量法中使用
试管　离心试管	玻璃质,分硬质试管和软质试管、普通试管和离心试管等几种。一般以容积表示规格,有5mL、10mL、15mL、20mL、25mL等规格。无刻度试管按外径×管长分类,有8mm×70mm、10mm×75mm、10mm×100mm、12mm×100mm、12mm×120mm等规格	试管常用于在常温或加热条件下少量试剂的反应容器,便于操作和观察,也可用来收集少量的气体。 离心试管主要用于沉淀分离。离心试管加热时可采用水浴,反应液不应超过容积的1/2
试管架	一般为木质或铝质,有不同形状与大小,用于放试管和离心试管	使用过的试管和离心试管应及时洗涤,以免放置时间过久而难于洗涤
量筒	玻璃质,一般以容积表示规格,有5mL、10mL、25mL、50mL、100mL、500mL、1000mL等规格	量出容器。用于量取一定体积的液体。使用时不可加热,不可量取热的液体或溶液;不可作实验容器,以防影响容器的准确。 读取数据时,应将凹液面的最低点与视线置于同一水平上并读取与弯月面相切的数据
移液管　吸量管	玻璃质,分单刻度大肚形和刻度管两种,一般以容积表示规格,常量的有1mL、2mL、5mL、10mL、25mL、50mL等规格;微量的有0.1mL、0.25mL、0.5mL等规格	量出容器。精确量取一定体积的液体,不能移取热的液体。使用时注意保护下端尖嘴部位

续表

仪器与名称	材质与规格	使用说明
容量瓶	玻璃质,一般以容积表示规格,有10mL、25mL、50mL、100mL、500mL、500mL、1000mL、2000mL等规格	量入容器。用于配制准确浓度的溶液。注意事项:①不能加热,不能代替试剂瓶用来存储溶液,以避免影响容量瓶容积的准确度。②为使配制准确,溶质应先在烧杯内溶解后移入容量瓶。③不用时应在塞子和旋塞处垫上纸片
布氏漏斗	瓷质,常以直径表示其大小	用于减压过滤,常与抽滤瓶配套使用。不能加热,滤纸应稍小于其内径
抽滤瓶	玻璃质,一般以容积表示规格,有50mL、100mL、250mL、500mL等规格	用于减压过滤,上口接布氏漏斗或玻璃漏斗,侧嘴接真空泵。不能加热
酸式滴定管 碱式滴定管	玻璃质,有酸式和碱式两种,一般以容积表示规格,常见的有10mL、25mL、50mL、100mL等规格	用于滴定分析或量取较准确体积的液体。酸式滴定管还可用作柱色谱分析中的色谱柱。具体使用方法见3.7
分液漏斗 滴液漏斗	玻璃质,分球形、梨形、筒形和锥形等几种。一般以容积表示规格,有50mL、100mL、250mL、500mL等规格	分液漏斗用于分离互不相溶的液体,也可用于向某容器中加入试剂。若需滴加,则需用滴液漏斗。注意事项:①不能加热;②防止塞子和旋塞损坏;③不用时应在塞子和旋塞处垫上纸片,以防其不能取出。特别是分离或滴加碱性溶液后,更应注意

续表

仪器与名称	材质与规格	使用说明
安全漏斗	玻璃质,分为直形、环形和球形	用于加液和装配气体发生器,使用时应将其漏斗颈插入液面以下
长颈漏斗　漏斗	玻璃质、搪瓷质或塑料质,分为长颈和短颈两种。一般以漏斗颈表示规格,有30mm、40mm、60mm、100mm、120mm等规格	用于过滤沉淀或倾注液体,长颈漏斗也可用于装配气体发生器。不能加热(若需加热,可用铜漏斗过滤),但可过滤热的液体
表面皿	玻璃质,一般以直径单位表示规格,有45mm、65mm、75mm、90mm等规格	多用于盖在烧杯上,防止杯内液体溅出或污染。使用时不能直接加热
漏斗式　坩埚式　玻璃漏斗(砂芯漏斗)	是一类由颗粒状玻璃、石英、陶瓷或金属等经高温烧结,并具有微孔结构的过滤器。常用的是玻璃漏斗,它的底部是玻璃砂在873K左右烧结的多孔片。根据烧结玻璃孔径的大小分为6种型号	用于过滤沉淀,常与抽滤瓶配套使用。不宜过滤浓碱溶液、氢氟酸溶液或热的浓磷酸溶液
漏斗架	木制或铁制	过滤时用于承接漏斗,漏斗的高度可由漏斗架调节

仪器与名称	材质与规格	使用说明
平底烧瓶　圆底烧瓶　蒸馏烧瓶	通常为玻璃质,分硬质和软质,有平底、圆底、长颈、短颈、细口、厚口和蒸馏烧瓶等几种。一般以容积表示规格,有50mL、100mL、250mL、500mL等规格	用于化学反应的容器或液体的蒸馏。使用时液体的盛放量不能超过烧瓶容量的2/3,一般固定在铁架台上使用
细口瓶	通常为玻璃质,有磨口和不磨口、无色和有色(防光)之分。一般以容积表示规格,有100mL、125mL、250mL、500mL、1000mL等规格	磨口瓶用于盛放液体药品或溶液。注意事项:①不能直接加热。②磨口瓶不能放置碱性物质,因碱性物质会使广口瓶和塞粘住。做气体燃烧实验时应在瓶底放薄层的水或沙子,以防破裂。③广口瓶不用时应用纸条垫在瓶塞与瓶子间,以防打不开;④磨口瓶与塞均配套,防止弄乱
广口瓶	一般为玻璃质,有无色和棕色(防光),有磨口和光口之分。一般以容积表示规格,有30mL、60mL、125mL、250mL、500mL等规格	磨口瓶用于储存固体药品,广口瓶通常作集气瓶使用。注意事项同细口瓶
滴瓶	通常为玻璃质,分无色和棕色(防光)两种。滴瓶上乳胶滴头另配。一般以容积表示规格,有15mL、30mL、60mL、125mL等规格	用于盛放少量液体试剂或溶液,便于取用。滴管为专用,不得弄脏弄乱,以防沾污试剂。滴管不能吸得太满或倒置,以防试剂腐蚀乳胶头
称量瓶	玻璃质,分高形和扁平形两种	用于准确称取一定量固体药品。扁平称量瓶主要用于测定样品中的水分。盖子为配套的磨口盖,不能弄乱或丢失。不能加热

续表

仪器与名称	材质与规格	使用说明
药勺	由塑料或牛角制成	用于取用固体药品,用后应立即洗净、干燥
酒精灯	玻璃质,灯芯套管为瓷质,盖子有塑料质或玻璃质之分	用于一般加热。使用方法见3.4节
石棉网	由铁丝网上涂石棉制成	用于使容器均匀受热。不能与水接触,石棉脱落时不能使用(石棉是电的不良导体)
泥三角	由铁丝扭成,并套有瓷管	灼烧坩埚时使用。使用前应检查铁丝是否断裂
三脚架	铁制品,有大小和高低之分	用于放置较大或较重的加热容器
水浴锅	铜或铝制,现在多用恒温水槽代替	用于间接加热
蒸发皿	通常为瓷质,也有玻璃、石英、铂制品。有平底和圆底之分。一般以容积表示规格,有75mL、200mL、400mL等规格	用于蒸发和浓缩液体。一般放在石棉网上加热使受热均匀。使用时应根据液体性质选用不同材质的蒸发皿

续表

仪器与名称	材质与规格	使用说明
坩埚	材质有普通瓷、铁、石英、镍和铂等，一般以容积表示规格，有10mL、15mL、25mL、50mL等规格	用于灼烧固体用。使用时应根据灼烧温度及试样性质选用不同类型的坩埚，以防损坏坩埚
试管夹	有木制、竹制、钢制等，形状各不相同	用于夹持试管
坩埚钳	铁或铜制，有大小和长短之分	用于夹持坩埚或热的蒸发皿
毛刷	常以大小或用途分类，有试管刷、烧瓶刷、滴定管刷等多种	用于洗刷仪器。毛刷顶部无毛的刷子不能使用
洗瓶	一般为塑料质	用于盛放蒸馏水
铁架台、铁圈和铁夹	铁制品，铁夹有铝制的和铜制的	铁夹用于固定蒸馏烧瓶、冷凝管、试管等仪器。铁圈可放置分液漏斗或放置反应容器

续表

仪器与名称	材质与规格	使用说明
温度计	玻璃质,常用的有水银温度计和酒精温度计	用于测量体系的温度。若不慎将水银温度计损坏,洒出的汞(汞有毒)需按要求处理
点滴板	瓷质。有白色和黑色之分,常以穴的多少表示规格,有九穴、十二穴等规格	用于性质实验的点滴反应。有白色沉淀时用黑色点滴板
燃烧匙	铜质	用于检验某些固体的可燃性。用完应立即洗净并干燥,以防腐蚀
研钵	材质有瓷、玻璃和玛瑙等。一般以口径(mm)大小表示规格	用于研碎固体,或固-固、固-液的研磨。注意事项:①使用时不能敲击,只能研磨,以防击碎研钵或研杵,避免固体飞溅;②易爆物只能轻轻压碎,不能研磨,以防爆炸
自由夹和螺旋夹	铁制品	用于打开和关闭流体的通道
干燥器	玻璃质,按玻璃颜色分为无色和棕色两种,以内径表示规格,有 100mm、150mm、180mm、200mm 等规格	分上下两层,下层放干燥剂,上层放置需保持干燥的物品。如易吸收水分,或已经烘干或灼烧后的物质,具体使用方法见 3.6 节
启普发生器	玻璃质	用于产生气体。使用方法见实验十八

续表

仪器与名称	材质与规格	使用说明
干燥管	玻璃质,形状多种	用于干燥气体。用时两端应用棉花或玻璃纤维填塞,中间装干燥剂
干燥塔	玻璃质,形状有多种。一般以容量表示规格,有125mL、250mL、500mL等规格	用于净化气体,进气口插入干燥剂中,不能接错。若反接,则可作缓冲瓶使用
直形冷凝管 球形冷凝管	玻璃质,一般有直形冷凝管和球形冷凝管两种	在蒸馏和回馏时使用,常和蒸馏烧瓶配套使用。使用时下端为进水口,上端为出水口

3.3 常用玻璃仪器的洗涤与干燥

3.3.1 玻璃仪器的洗涤

化学实验使用的玻璃仪器,常沾有可溶性化学物质、不溶性化学物质、灰尘及油污等污物。为了得到准确的实验结果,实验前必须将实验仪器洗涤干净。玻璃仪器的洗涤方法很多,常用的有冲洗、刷洗、药剂洗涤等方法。下面简要介绍一般的洗涤方法。

(1) 冲洗

在玻璃仪器内注入约占总量1/3的自来水,用力振荡片刻,倒掉,照此连洗数次,可洗去沾附易溶物和部分灰尘。

(2) 刷洗

用水不能清洗干净时,可用毛刷由外到里刷洗干净。刷洗时需选用合适的毛刷。毛刷可按所洗涤仪器的类型、规格(口径)大小来选择。洗涤试管和烧瓶时,端头无直立竖毛的秃头毛刷不可使用。刷洗后,再用水连续振荡数次。每次用水量不要太多。刷洗数次后,检查是否干净。若不干净,须用毛刷蘸少量去污粉(肥皂粉或洗衣粉)等再进行刷洗,然后用水冲去去污粉,直到洗净为止。冲洗或刷洗后,一般还应用蒸馏水淋洗2~3次。

(3) 药剂洗涤

对准确度较高的量器或更难洗去的污物或因仪器口径较小、管细长等不便刷洗的仪器可用铬酸洗液或王水洗涤,也可针对污物的化学性质选用其他适当的试剂洗涤(即利用酸碱中和反应、氧化还原反应、配位反应等,将不溶物转化为易溶物再进行清洗。如银镜反应沾附的银及沉积的硫化银可加入硝酸生成易溶的硝酸银;未反应完的二氧化锰,反应生成的难溶氢氧化物、碳酸盐等可用盐酸处理生成可溶氯化物;沉积在器壁上的银盐,一般用硫代硫酸钠溶液洗涤,生成易溶配合物;沉积在器壁上的碘可用硫代硫酸钠溶液清洗,也可用碘化钾或氢氧化钠溶液清洗；碱、碱性氧化物、碳酸盐等可用 6mol/L HCl 溶解）。用铬酸洗液或王水洗涤时，先往仪器内注入少量洗液，使仪器倾斜并缓慢转动，让仪器内壁全部被洗液湿润。再转动仪器，使洗液在内壁流动，经转动几圈后，把洗液倒回原瓶（不可倒入水池或废液桶，铬酸洗液变暗绿色失效后可回收再生使用）。对沾污严重的仪器可用洗液浸泡一段时间，或者用热洗液洗涤。

用洗液洗涤时，决不允许将毛刷放入洗液中，倾出洗液后，再用水冲洗或刷洗，最后用蒸馏水淋洗。

铬酸洗液的配制方法：称取 10g 工业级重铬酸钾固体放入烧杯中，加入 20mL 热水溶解，冷却后在不断搅拌下慢慢加入 200mL 浓硫酸，即得暗红色铬酸洗液。将之储存于细口玻璃瓶中备用。取用后，要立即盖紧瓶塞。

仪器是否洗净可通过器壁是否挂水珠来检查。将洗净后的仪器倒置，如果器壁透明，不挂水珠则说明已洗净；如器壁有不透明处或附着水珠或有油斑，则未洗净应予重洗。洗净后的仪器，不可用布或纸擦拭，而应用晾干或烘烤的方法使之干燥。

3.3.2 玻璃仪器的干燥

实验所用的仪器，除必须清洗外，有时还要求干燥。干燥的方法有以下几种（图 2-1）：

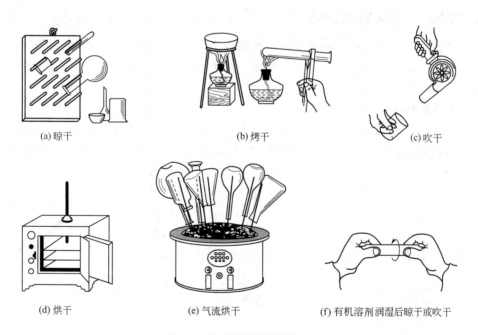

(a) 晾干　　　　　　　(b) 烤干　　　　　　　(c) 吹干

(d) 烘干　　　　　(e) 气流烘干　　　(f) 有机溶剂润湿后晾干或吹干

图 2-1　玻璃仪器的干燥方法

(1) 晾干

晾干是让残留在仪器内壁的水分自然挥发而使仪器干燥。一般是将洗净的仪器倒置在干净的仪器柜内或滴水架上，任其滴水晾干。属于这样干燥的仪器主要是需要干燥的容量仪器，加热烘干时容易炸裂的仪器，以及不需要将其所沾水完全排除以至恒重的仪器。

(2) 热（冷）风吹干

洗净的仪器若急需干燥，可用电吹风直接吹干，或倒插在气流烘干器上。若在吹风前先用易挥发的有机溶剂（如乙醇、丙酮、石油醚等）淋洗一下，则干得更快。

(3) 加热烘干

如需干燥较多的仪器，可使用电热鼓风干燥箱烘干。将洗净的仪器倒置稍沥去水滴后，放入干燥箱的隔板上，关好门。控制箱内温度在105℃左右，恒温烘干半小时即可。对可加热或耐高温的仪器，如试管、烧杯、烧瓶等还可利用加热的方法使水分迅速蒸发而干燥。加热前先将仪器外壁擦干，然后用小火烤干，烤干时注意不时转动以使仪器受热均匀。

仪器干燥时需注意带有刻度的计量仪器不能用加热的方法进行干燥，以免影响仪器的精度。刚烤烘完毕的热仪器不能直接放在冷的特别是潮湿的桌面上，以免因局部骤冷而破裂。

3.3.3 思考题

(1) 哪些玻璃仪器可直接加热？
(2) 为什么要进行玻璃仪器的洗涤？
(3) 常用的洗涤方法及干燥方法有哪些？

3.4 加热方法及温度的测量与控制

3.4.1 常用的加热装置及使用

加热是化学实验中常用的实验手段。实验室中常用的气体燃料是煤气，液体燃料是酒精；相应的加热器具是有各种型号的本生灯、酒精喷灯和酒精灯。另外还有各种电加热设备，如电炉、管式炉和马弗炉等。

(1) 常用的热源

① 酒精灯　酒精灯是实验室常用的加热工具，其加热温度为 400～500℃，适用于温度不需要太高的实验。酒精灯由灯帽、灯芯（以及瓷质套管）和盛酒精的灯壶三个部分组成，见图2-2(a)。

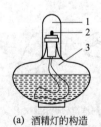
(a) 酒精灯的构造
1—灯罩；2—灯芯；3—灯壶

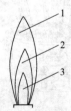
(b) 酒精灯的灯焰
1—外焰；2—内焰；3—焰心

(c) 加热方法

图2-2　酒精灯的构造及其使用

正常使用时酒精灯的火焰可分为焰心、内焰和外焰三个部分，见图2-2(b)。外焰的温度最高，往内依序降低。故加热时应调节好受热器与灯焰的距离，用外焰来加热，见图2-2(c)。

注意事项：

a. 点燃酒精灯之前，应先使灯内的酒精蒸气排出，防止灯壶内酒精蒸气因燃烧受热膨胀而将瓷管连同灯芯一并弹出，从而引起燃烧事故。

b. 灯芯不齐或烧焦时，应用剪刀修整为平头等长。

c. 新换的灯芯应让酒精浸透后才能点燃,否则一点燃就会烧焦。

d. 不能拿燃着的酒精灯去引燃另一盏酒精灯。

e. 不能用口来吹灭酒精灯,而应罩上灯盖,使其缺氧后自动熄灭,片刻后再把灯盖提起一下,然后再罩上(为什么?)。

f. 添加酒精时应先熄灭灯焰,然后借助漏斗把酒精加入灯内。灯内酒精的储量不能超过酒精灯容积的2/3。

酒精易挥发、易燃烧,使用时须注意安全,万一洒出的酒精在灯外燃烧,可用湿布或石棉布扑灭。

② 酒精喷灯 酒精喷灯有挂式和座式两种,其构造见图2-3,加热温度为800~1000℃。使用座式酒精喷灯时,首先用探针疏通酒精蒸气出口,再用漏斗向酒精壶内加入工业酒精,酒精量不能超过容积的2/3,然后在预热盘中注入少量酒精,点燃,以加热灯管。

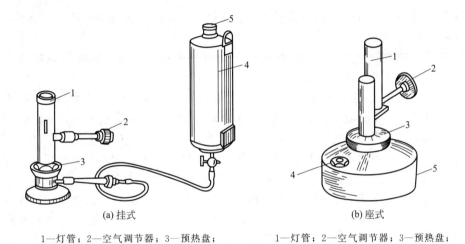

(a) 挂式　　　　　　　　　　　　　(b) 座式

1—灯管;2—空气调节器;3—预热盘;　　1—灯管;2—空气调节器;3—预热盘;
4—酒精储罐;5—盖子　　　　　　　　4—铜帽;5—酒精壶

图 2-3　酒精喷灯的类型和构造

使用挂式喷灯时,打开挂式喷灯酒精储罐下口开关,并先在预热盘中注入适量的酒精,然后点燃盘中的酒精,以加热灯管,待盘中酒精将近燃完时,开启空气调节器,这时由于酒精在灼热的灯管内汽化,并与来自气孔的空气混合,即燃烧并形成高温火焰(温度可达700~1000℃)。调节空气调节器阀门可以控制火焰的大小。用毕时,关紧调节器即可使灯熄灭。此时酒精储罐的下口开关也应关闭。座式喷灯使用方法与挂式基本相同,但熄灭时需用盖板将灯焰盖灭,或用湿抹布将其闷灭。

注意事项:

a. 在开启调节器,点燃管口气体以前,必须充分灼热灯管,否则酒精不能全部汽化,会有液体酒精由管口喷出,导致"火雨"(尤其是挂式喷灯)。这时应关闭开关,并用湿抹布熄灭火焰,重新往预热盘添加酒精,重复上述操作点燃。但连续两次预热后仍不能点燃时,则需要用探针疏通酒精蒸气出口,让出气顺畅后,方可再预热。

b. 座式喷灯灯内酒精储量不能超过酒精壶的2/3,连续使用时间较长时(一般在半小时以上),酒精用完时需暂时熄灭喷灯,待冷却后,添加酒精,再继续使用。

c. 挂式喷灯酒精储罐出口至灯具进口之间的橡皮管连接要好,不得有漏液现象,否则容易失火。

(2) 常用电热源

根据需要，实验室还常用电炉、电加热套、电加热板等电器进行加热，设备如图 2-4 所示。

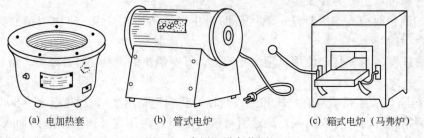

(a) 电加热套　　　(b) 管式电炉　　　(c) 箱式电炉（马弗炉）

图 2-4　常用电设备热源

电炉可以代替酒精灯或酒精喷灯用于一般加热。加热时，容器和电炉之间应隔一层石棉网，保证受热均匀。

电加热套［图 2-4(a)］和电加热板的特点是有温度控制装置，能够缓慢加热和控制温度，适用于分析试样的处理。

实验室进行灼烧或高温反应时，常用管式电炉和箱式电炉，如图 2-4(b) 和图 2-4(c) 所示。管式电炉有一个管状炉膛，内插一根耐高温瓷管或石英管，瓷管内再放入盛有反应物的瓷舟，反应物可在真空、空气或其他气氛下受热，温度可从室温到 1000℃ 以上。箱式电炉一般用电炉丝、硅碳棒或硅、硅钼棒作发热体，温度可调节控制，最高使用温度分别可达 950℃、1300℃ 和 1500℃ 左右。温度测量一般用热电偶。

微波炉的加热完全不同于常见的明火加热或电加热。工作时，微波炉的主要部件磁控管辐射出 2450MHz 的微波，在炉内形成微波能量场，并以每秒 24.5 亿次的速度不断地改变着正、负极性。当待加热物体中的极性分子，如水、蛋白质等吸收微波能后，也以高频率改变着方向，使分子间相互碰撞、挤压、摩擦而产生热量，将电磁能转化成热能。可见工作时微波炉本身不产生热量，而是待加热物体吸收微波能后，内部的分子相互摩擦而自身发热，简单地讲是摩擦起热。

微波是一种高频率的电磁波，它具有反射、穿透、吸收三种特性。微波碰到金属会被反射回来，而对一般的玻璃、陶瓷、耐热塑料、竹器、木器则具有穿透作用。它能被糖类化合物（如各类食品）吸收。由于微波的这些特性，微波炉在实验室中可用来干燥玻璃仪器，加热或烘干试样。如在重量法测定可溶性钡盐中的钡时，可用微波干燥恒重玻璃坩埚及沉淀，亦可用于有机化学中的微波反应。

微波炉加热有快速、能量利用率高、被加热物体受热均匀等优点。但不能恒温，不能准确控制所需的温度。因此，只能通过实验决定所要用的功率、时间，以达到所需的加热程度。

使用方法及注意事项：

① 将待加热器皿均匀的放在炉内玻璃转盘上。

② 关上炉门，选择加热方式。

③ 金属器皿、细口瓶或密封的器皿不能放入炉内加热。

④ 炉内无待加热物体时，不能开机；待加热物体很少时，不能长时间开机，以免空载运行（空烧）而损坏机器。

⑤ 不要将炽热的器皿放在冷的转盘上，也不要将冷的带水器皿放在炽热的转盘上，以防止转盘破裂。

⑥ 前一批干燥物取出后，不要关闭炉门，让其冷却，5~10min 后才能放入后一批待加热的器皿。

当反应体系为液体时，常采用磁力搅拌器对体系均匀加热和搅拌。

3.4.2 加热方法

加热方法的选择，取决于试剂的性质和盛放该试剂的器皿，以及试剂用量和所需的加热程度。热稳定性好的液体或溶液、固体可直接加热，受热易分解及需严格控制加热温度的液体只能在热浴上间接加热。

实验室中，试管、烧杯、蒸发皿、坩埚等常作为加热的容器，它们可以承受一定的温度，但不能骤热骤冷。因此，加热前应将器皿的外壁擦干。加热后不能突然与水或潮湿物接触。

(1) 直接加热法

a. 加热试管中的液体　加热时，用试管夹夹在试管的中上部，试管略倾斜，管口向上，不能对着自己或别人。先加热液体的中上部，再慢慢下移，然后不时地上下移动，使液体各部分受热均匀，否则容易引起爆沸，液体冲出。试管中的液体量不得超过试管容积的1/2，如图2-5所示。

b. 加热试管中的固体　先将块状或粒状固体试剂研细，再用纸槽或角匙装入硬质试管底部，装入量不能超过试管容量的1/3，然后铺平，管口略向下倾斜，以免凝结在管口的水珠倒流到灼热的试管底部，使试管炸裂。加热时，先来回将整个试管预热，一般灯焰从试管内固体试剂的前部缓慢向后部移动，然后在有固体物质的部位加热。如图2-6所示。

图 2-5　加热试管中的液体

图 2-6　加热试管中的固体

c. 加热烧杯和烧瓶中的液体　将盛有液体的烧杯或烧瓶放在石棉网上加热，以免因受热不均使玻璃器皿破裂，如图2-7所示。

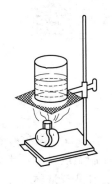

图 2-7　加热烧杯中的液体

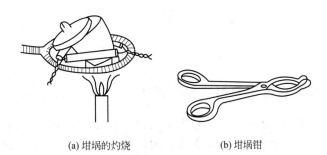

(a) 坩埚的灼烧　　　(b) 坩埚钳

图 2-8　坩埚的灼烧与夹具

d. 灼烧坩埚中的固体　在高温加热固体时，可以把固体放在坩埚中灼烧。开始时，火不要太大，使坩埚均匀地受热，然后加大火焰，用氧化焰将坩埚灼烧至红热。灼烧一定时间后，停止加热，在泥三角上稍冷后，用已预热的坩埚钳夹住放在干燥器内，如图 2-8 所示。

（2）间接加热法

为了使被加热容器或物质受热均匀，或者进行恒温加热，实验室中常采用水浴、油浴、沙浴等方法加热。

a. 水浴加热　当被加热物质要求受热均匀，而温度不超过 100℃时，可采用水浴加热。利用受热的水或产生的蒸汽对受热器皿和物质进行加热。常用铜质水浴锅（水浴锅内盛水量不超过容积的 2/3，选用适当大小的水浴锅铜圈支承被加热的器皿。也可以用大烧杯代替水浴锅，如图 2-9 所示。

(a) 水浴锅加热　　　　(b) 烧杯水浴加热

图 2-9　水浴加热

电热恒温水浴锅可根据需要自动控制恒温。使用时必须先加好水，箱内水位应保持在 2/3 高度处（严禁水位低于电热管），然后再通电，可在 37～100℃ 范围内选择恒定温度。图 2-10 为两孔电热恒温水浴。

b. 油浴加热　油浴适用于 100～250℃ 的加热，用油浴锅，也可用大烧杯代替，常用的油浴有：甘油、植物油、石蜡、硅油等。

c. 沙浴加热　当加热温度高于 100℃，可用砂浴。沙浴是一个铺有一层均匀细沙的铁盘，被加热器皿放在热沙上，如图 2-11 所示。

除水浴、油浴和沙浴外，还有金属（合金）浴、空气浴等。

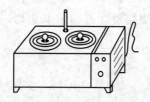
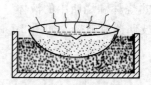

图 2-10　两孔电热恒温水浴　　　　图 2-11　沙浴加热

3.4.3　温度的测量及控制技术

温度是表征物体在热平衡时冷热程度的物理量。物质的许多特征参数与温度有密切关系。在化学实验中，常常需要测量液体的温度。因此，准确测量和控制温度是一项十分重要的技能。测量温度的设备是温度计，温度计的种类型号很多，常用的有玻璃液体温度计、热电偶温度计、接点温度计、电阻温度计等，实验时可根据不同的需要选择使用。这里主要介绍常用的玻璃液体温度计。

(1) 玻璃液体温度计的构造及测温原理

玻璃液体温度计的结构如图 2-12 所示。感温液装在一根下端带有感温泡的均匀毛细管中，感温液上方抽成真空或充以某种气体。其感温泡用于储存感温液与感受温度。感温液一般有汞和液态有机物两大类。感温液不同测温范围也不同（如感温液为水银的称为水银温度计，测温范围 $-30\sim750\,^\circ\!{\rm C}$；感温液为酒精的称酒精温度计，测温范围 $-65\sim165\,^\circ\!{\rm C}$；感温液为甲苯的称甲苯温度计，测温范围 $0\sim90\,^\circ\!{\rm C}$）。为了防止温度过高时液体胀裂玻璃管，在毛细管顶部留有一膨胀室。由于液体的膨胀系数远大于玻璃的膨胀系数，毛细管又是均匀的，故温度的变化可反映在液柱长度的变化上。根据玻璃管外部的分度标尺，可直接读出被测液体的温度。

(2) 玻璃水银温度计的使用

① 根据实验需要对温度计进行零点校正、示值校正及露茎校正。

② 先将温度计冲洗干净，将温度计尽可能垂直浸在被测体系内（感温泡全部浸没），禁止倒装或倾斜安装。

图 2-12 玻璃液体温度计
1—感温泡；2—毛细管；
3—刻度标尺；4—膨胀室

③ 水银温度计应安装在振动不大，不易碰到的地方，注意感温泡应离开容器壁一定距离。

④ 为防止水银在毛细管上附着，读数前应用手指轻轻弹动温度计。

⑤ 读数时视线应与水银柱凸面位于同一水平面上。

⑥ 防止骤冷骤热，以免引起温度计破裂和变形。防止强光、辐射和直接照射水银球。

⑦ 水银温度计是易碎玻璃仪器，且毛细管中的水银有毒，所以绝不允许作搅拌、支柱等使用，要避免与硬物相碰。如温度计需插在塞孔中，孔的大小要合适，以防脱落或折断。

⑧ 温度计用完后，要冲洗干净，保存好。

3.5 试剂的取用与溶液的配制

3.5.1 化学试剂

化学试剂按其用途分为一般试剂、基准试剂、无机试剂与有机试剂、色谱试剂与制剂、指示剂等。应根据分析结果的不同选用化学试剂的规格。实验室最常用的试剂规格如下：

基准试剂是一类用于滴定分析中，直接配制标准溶液的物质，其纯度一般在 99.9% 以上，杂质含量略低于一级品或与一级品相当。

a. 优级纯　为一级品，又称保证试剂，符号 G.R，瓶签颜色为绿色，杂质含量低，主要用于精密的科学研究和测定工作。

b. 分析纯　为二级品，符号 A.R，瓶签颜色为红色，质量略低于优级纯，用于一般的科学研究和重要的测定。

c. 化学纯　为三级品，符号 C.P，瓶签颜色为蓝色，质量较分析纯差，用于工厂、教学实验的一般分析工作。

d. 实验试剂　为四级品，符号 L.R，瓶签颜色为棕色或其他颜色，质量较化学纯差，但比工业品纯度高，主要用于普通的实验或研究。

化学试剂的选用，应根据实验精度及实验方法的不同，恰当地选用不同规格的试剂，既不能以粗代纯，更不能纯品粗用。如痕量分析选用高纯或一级品，以降低空白值和避免杂质干扰。作仲裁分析或试剂检验选用一、二级品，一般车间控制分析选用二、三级品，某些制备实验、冷却浴或加热浴用的药品可选用工业品，不同的分析方法对此有不同的要求，如配位滴定最好选用二级品及优级纯，因试剂中有些杂质金属离子封闭指示剂，使终点难以观察，分光光度法要求试剂空白值小，也应选用纯度高的试剂。应该注意使用哪种纯度的试剂，要有相应的水和容器与之配合，才能发挥纯试剂的作用，达到实验精度的要求。

近年来，由于化学试剂的品种、规格繁多，其他规格的试剂包装颜色各异，主要应根据文字或符号来识别化学试剂的等级，在文献资料和进口化学试剂的标签上，各国的等级与我国现行等级不太一致，要注意区分。

化学试剂除上述几级外，对"高纯试剂"又可细分为超纯、特纯、高纯及纯度（纯度在 99.99% 以上）试剂。这一类试剂纯度可达到 4 个 9 到 5～6 个 9 不等。光谱纯试剂杂质含量用光谱分析法已测不出或低于某一限度。分光光度纯试剂要求在一定波长范围内无或很少干扰物质。在色谱试剂与制剂一类中，包括色谱分析用固定相、固定液、标样、载体等，色谱试剂是指使用范围，而"色谱纯"是指用于色谱分析的标准物质，其杂质含量用色谱分析法检不出。

我国化学试剂属于国家标准的附有 GB 代号，属于化学工业部标准的附有 HG 代号，没有国家统一标准的产品，有的则根据企业标准提出参考标准。

3.5.2 化学试剂的保管

化学试剂的保管一般都要避光。挥发性、吸湿性的试剂要加塞密封。易受热分解及低沸点易挥发的试剂，应保存在阴凉处或冰箱内。固体试剂应装在广口瓶内，液体试剂盛放在细口瓶或滴瓶内，见光分解的试剂装在棕色瓶内。盛碱液的试剂瓶要用橡皮塞。对已配好的试剂，每个试剂瓶都要贴上标签，标明试剂的名称。同时要注意，对于易被空气氧化的盐类溶液，常需加入该种金属以防止氧化，如二氯化锡溶液中加入锡粒，硝酸亚汞溶液中加入金属汞等。

3.5.3 化学试剂的取用

化学试剂的取用分为液体试剂的取用及固体试剂的取用。

(1) 液体试剂的取用

a. 自滴瓶中取液体试剂时，必须保持滴管垂直，避免倾斜，切忌倒立，防止试剂流入橡皮头内将试剂弄脏。滴管的尖端不可接触试管内壁，也不得将滴管放在原滴瓶以外的地方，更不能错放到装有另一种试剂的滴瓶中。

b. 用量筒量取液体试剂时，应左手持量筒，以大拇指指示所需体积的刻度处，右手持试剂瓶，贴有标签的一面握向手心，瓶口紧靠量筒边缘，慢慢地注入液体至刻度处。若倾出的试剂过量，应弃去或转给他人使用，不得倒回原瓶。

c. 用倾注法取液体试剂时，先将瓶塞取出倒放在桌上，右手持试剂瓶，标签握向手心，瓶口紧靠容器壁，慢慢倾出所需试剂，使液体沿器壁往下流。如所用容器为烧杯，则倾注液体时可用玻璃棒引流。用毕后立即盖上瓶塞。

(2) 固体试剂的取用

a. 取用固体试剂应用洁净的药匙,药匙的两端为大小两个匙,取较多固体时用大匙,少量固体用小匙。取出试剂后立即盖上瓶盖,不得错盖瓶盖。多倒的试剂不得倒回原瓶,可放在指定的容器中供他人使用。

b. 取用一定量固体时,可将固体试剂放在表面皿或洁净的纸上称量。具有腐蚀性、氧化性或易吸潮的固体试剂应放在密闭的容器中称量。

3.5.4 标准溶液和基准物质

滴定分析的标准溶液是已知准确浓度的溶液,其浓度用物质的量浓度或滴定度表示。滴定度以每毫升标准溶液含有标准物质的质量(g)T_S来表示(下标S表示标准物质的化学式),或以每毫升标准溶液相当于被测物质的质量(g)$T_{S/X}$来表示(X是被测物质的化学式)。

标准溶液的配制有直接法和间接法两种。直接法,即准确称取一定量的纯物质溶解后,转移到容量瓶中,最后稀释至刻度、摇匀,即可计算其准确浓度。用以直接配制标准溶液的物质称为基准物质,它必须具备下列条件:

(1) 试剂纯度高,一般要求纯度在99.9%以上。

(2) 物质组成要完全符合化学式,如是水合物,其结晶水含量也必须符合化学式。

(3) 物质稳定,在配制和储存中不易发生变化,如烘干不分解,称量时不易吸收水分和二氧化碳,不易氧化或还原。

实际上,大多数用来配制标准溶液的物质,往往不完全符合上述条件,因此,只能用间接法来配制。间接法(标定法),即粗略称取一定量的物质或量取一定量的溶液,配制成大致接近所需浓度的溶液。用一种基准物质或另一种标准溶液来测定它的准确浓度,这种测定浓度的过程称为标定。用作标定的固体基准物质除应具备上述三个条件外,最好还要有较大的摩尔质量。因为摩尔质量大,称量的量相应要大,称量的相对误差就小。

3.5.5 思考题

(1) 化学试剂可分为几类?

(2) 保管化学试剂应注意哪些方面?

(3) 如何取用液体试剂?

(4) 如何配制标准溶液?

(5) 你认为基准物应符合哪些条件?

3.6 分离方法与技术

在无机制备及分析测试中,常使生成沉淀或蒸发结晶而需进行固液分离,多采用过滤或离心分离的方法,过滤的方法主要有常压过滤、减压过滤及热过滤等。

3.6.1 过滤

过滤是使沉淀和母液分离的过程。如在分析实验中,对于需要灼烧的沉淀常用滤纸过滤,对于过滤后只需烘干即可进行称量的沉淀,则可采用微孔玻璃漏斗或微孔玻璃坩埚过滤,现分别介绍如下:

(1) 用滤纸过滤

① **滤纸的选择** 在重量分析中过滤沉淀，应当采用定量滤纸，这种滤纸的纸浆经过盐酸及氢氟酸处理，每张滤纸灼烧后的灰分在 0.1mg 以下，小于天平的称量误差（0.2mg），故其质量可以忽略不计，因此，又称无灰滤纸。

定量滤纸一般为圆形，按其孔隙大小，分为快速、中速和慢速三种。使用时根据沉淀的不同类型选用适当的滤纸，对于无定形沉淀，如 $Fe(OH)_3$、$Al(OH)_3$ 等，这种沉淀往往不易过滤，应当选用孔隙大的快速滤纸，以免过滤太慢；粗大的晶形沉淀，如 $MgNH_4PO_4$ 等，可用较紧密的中快速滤纸；而对于较细的晶形沉淀，如 $BaSO_4$ 等，因易穿透滤纸，所以应选用最紧密的慢速滤纸。

滤纸按直径大小分为 7cm、9cm、11cm、12.5cm、15cm 等；选择滤纸的大小应根据沉淀量的多少来定。沉淀的体积不可超过滤纸容积的一半。通常晶形沉淀常用直径 7~9cm 的滤纸；疏松的无定形沉淀可用直径 11cm 的滤纸。此外，滤纸的大小还应和漏斗相适应，一般滤纸应比漏斗边缘低 0.5~1cm。

② **漏斗** 用于重量分析的漏斗应该是长颈的，一般颈长 15~20cm，漏斗的锥体角度应为 60°。颈的直径要小些，通常为 3~5mm，若太粗则不易保留水柱。出口处磨成 45°角，如图 2-13 所示。

③ **滤纸的折叠** 一般采用四折法，先将滤纸对折，然后再对半折成直角，如图 2-14 所示。打开形成圆锥体后（半部 1 层，另半部 3 层），放入漏斗中，使其与漏斗壁紧密贴合。如果漏斗的锥体角不恰为 60°，则滤纸与漏斗壁便不能紧密贴合，漏斗颈中便不能保留液柱而影响过滤速度。应改变滤纸折叠的角度，直到两者紧密贴合；为了使漏斗与滤纸之间贴紧而无气泡，可将三层厚的外层撕下一小块，避免过滤时有气泡由此处缝隙通过而影响颈内水柱。撕下来的滤纸角应保存在干净的表面皿上，以备擦拭烧杯中残留沉淀之用。

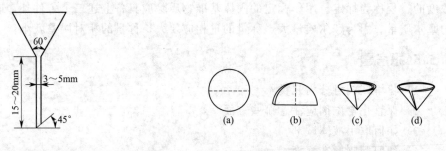

图 2-13 漏斗　　　　　　　　　　图 2-14 滤纸折叠示意图

将正确折叠好的滤纸放入漏斗中，放时三层的一边应在漏斗出口短的一边。用手按紧三层的一边，然后用洗瓶置入少量水以润湿滤纸，轻压滤纸赶去气泡。再加水至滤纸边缘，让水全部流尽，漏斗颈内应全部被水充满。若不能形成完整的水柱，可用小手指堵住漏斗下口，稍掀起滤纸的一边，用洗瓶向滤纸和漏斗的空隙处加水，使漏斗颈和锥体的大部分被水充满，最后，压紧滤纸边，放开堵出口的小手指，此时水柱即可形成。如仍不能形成水柱，则可能是漏斗颈太大或滤纸与漏斗没有紧密贴合等原因。

将准备好的漏斗放在漏斗架上，下面放一洁净烧杯承接滤液，漏斗出口长的一边紧靠杯壁，漏斗位置的高低，以过滤过程中漏斗颈的出口不接触滤液为度。

④ **过滤** 过滤一般分 3 个阶段：第一阶段用"倾注法"尽可能把上层清液过滤去，并进行初步洗涤；第二阶段是把沉淀转移到漏斗上去；第三阶段是清洗烧杯。

所谓"倾注法",即先把清液倾入漏斗中,让沉淀尽可能地留在烧杯内。这种过滤方法可以避免沉淀堵塞滤纸小孔,使过滤较快地进行。倾入溶液时,应让溶液沿着玻璃棒流入漏斗中,玻璃棒应直立,下端对着3层厚的滤纸一边,并尽可能接近滤纸,但不要与滤纸接触,如图2-15(a)所示。倾入的溶液液面应低于滤纸边缘0.5cm以下,以免沉淀浸到漏斗上去。当倾注暂停时,烧杯沿着玻璃棒慢慢向上提一段,再立即放正烧杯,将玻璃棒放入烧杯中。

这样可以避免烧杯嘴上的液体沿杯壁流到杯外。同时玻璃棒不要放在烧杯嘴处,以免烧杯嘴处的少量沉淀沾在玻璃棒上。当清液倾注完毕后,即可进行初步洗涤。洗涤时,用洗瓶置入洗液1~20mL,沿杯壁加入,使沾附在烧杯壁上的沉淀洗下。用玻璃棒充分搅拌,放置澄清,再倾泻过滤。如此重复洗涤3~4次。

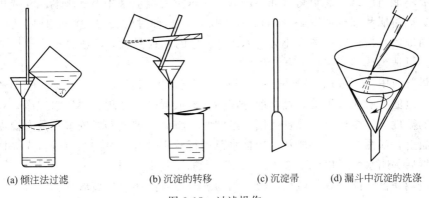

(a) 倾注法过滤　　(b) 沉淀的转移　　(c) 沉淀帚　　(d) 漏斗中沉淀的洗涤

图 2-15　过滤操作

初步洗涤之后,即可进行沉淀的转移,向盛有沉淀的烧杯中加入少量洗涤液,搅动混合,立即将沉淀和洗涤液倾入漏斗中,反复多次,直到将沉淀尽可能都转移到滤纸上。如沾附在烧杯壁上的沉淀仍未转移完全,则可按图2-15(b)所示方法进行清洗。将烧杯斜放在漏斗上方,杯嘴向漏斗,用左手食指按住架在烧杯嘴上的玻璃棒上方,其余手指拿住烧杯,玻璃棒下端对准三层滤纸处。右手持洗瓶冲洗烧杯壁上所沾附的沉淀,使沉淀同洗液一起流入漏斗中。注意勿使溶液溅出。如烧杯壁仍有少许沉淀,可用原撕下来的滤纸角擦拭,最后将擦过的滤纸角放在漏斗里的沉淀中。必要时则用沉淀帚[图2-15(c)]擦洗烧杯上的沉淀。沉淀帚是将一段质量较好的橡皮管套在玻璃棒一端,开口处胶封。先用沉淀帚洗净玻璃棒,将玻璃棒取出后,以沉淀帚擦拭杯壁,直至将烧杯洗净后,再将沉淀帚置于漏斗上方用水冲洗净。

⑤ 沉淀的洗涤　当沉淀转移时,经初步洗涤,已基本纯净了,若还未纯净或沉淀附在滤纸上部,则用洗瓶吹出水流,冲洗滤纸边沿稍下部位,按螺旋形向下移动,如图2-15(d)所示,使沉淀集中于滤纸底部,直到沉淀洗净为止。

沉淀洗净与否,应当根据具体情况进行检查。例如,用 H_2SO_4 沉淀 $BaCl_2$ 中的 Ba^{2+} 时,则应洗到滤液中不含 Cl^- 为止。可用洁净的表面皿接取少许滤液,加 HNO_3 酸化后,用 $AgNO_3$ 溶液检查,若无白色沉淀,说明沉淀洗涤干净,否则还需再洗涤。

洗涤的目的是洗去沉淀表面所吸附的杂质和残留的母液,获得纯净的沉淀;但洗涤又不可避免要造成部分沉淀溶解。因此,洗涤沉淀时应采用适当的洗涤方法以提高洗涤效率,又要选择合适的洗涤液尽可能地减少沉淀的溶解损失。

为了提高洗涤效率,同体积的洗涤液应尽可能分多次洗涤,每次使用少量洗涤液,而且每次加入洗涤液前,应使前次洗涤液流尽,通常称为"少量多次"的洗涤原则。

洗涤液的选择,根据沉淀的性质来确定。例如:

a. 晶形沉淀一般用冷的沉淀剂稀溶液作洗液,以减少沉淀溶解的损失(同离子效应)。如果沉淀剂是不挥发性物质,就不能用沉淀剂溶液作洗液。

b. 溶解度很小,但又不易生成胶体的沉淀,可用蒸馏水作洗液进行洗涤。

c. 胶状沉淀用热的含有少量电解质(如铵盐)的水溶液作洗液,以防胶溶。

d. 易水解的沉淀用有机溶剂作洗液,如洗涤氟硅酸钾沉淀,用冷的含有5%氯化钾的1∶1乙醇溶液作洗液,以防止沉淀水解并降低其溶解度。

(2) 用微孔玻璃漏斗(或坩埚式漏斗)过滤

有些沉淀只需烘干后即可称量,特别是使用有机沉淀剂所得的沉淀,不能在高温灼烧,还有些沉淀不能与滤纸一起烘烤(如AgCl),对这类沉淀应采用微孔玻璃漏斗或坩埚进行过滤。微孔玻璃坩埚和漏斗如图2-16(a)、(b)所示。此种过滤器皿的滤板是用玻璃粉末在高温下熔结而成的。按照微孔的大小分为六级,1号的孔径最大,6号的孔径最小,根据沉淀颗粒的大小可适当选用。

在定量分析中,一般用4~5号(相当于慢速滤纸)过滤细晶形沉淀,用3号(相当于中速滤纸)过滤一般晶形沉淀。过滤前先用稀盐酸或稀硝酸处理,再用水洗净,并在相当于烘干沉淀的温度下烘至恒重,以备使用。过滤时,将微孔玻璃器皿安置在具有橡皮垫圈或孔塞的抽滤瓶上,如图2-16(c)所示,用抽水泵进行减压过滤。过滤结束时,先去掉滤瓶上的橡皮管,然后关闭水泵,以免水泵中的水倒吸入抽滤瓶中(图2-17)。

微孔玻璃滤器不能过滤强碱性溶液,因为强碱性溶液能损坏玻璃微孔。

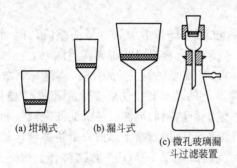

图 2-16 微孔玻璃器皿和抽滤瓶

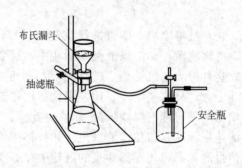

图 2-17 减压过滤装置

转移沉淀和洗涤沉淀的方法与用滤纸过滤法相同。

用微孔玻璃坩埚过滤的沉淀,只需烘干除去沉淀中的水分和可挥发性物质,即可使沉淀成为称量形式,把微孔玻璃坩埚中的沉淀洗净后,放入烘箱中,根据沉淀的性质在适当的温度下烘干;取出稍冷后,放入干燥器中,冷却至室温,进行称量。再放入烘箱中烘干,冷却、称量。如此反复操作,直至恒重(前后两次质量之差不超过0.3mg)。

干燥器是一种具有磨口盖子的厚质玻璃器皿,如图2-18所示。磨口上涂有一薄层凡士林,使其更好地紧密贴合。底部放适当量的干燥剂,如变色硅胶、无水氯化钙等,上搁一带孔瓷板,坩埚放在瓷板的孔内。开启干燥器时,左手按住干燥器下部,右手握住盖上的圆顶,向前推开器盖,如图2-18(a)所示;加盖时也应当拿住盖上圆顶推着盖好。当放入温热的坩埚时,先将盖留一缝隙,稍等几分钟再盖严。通常沉淀放置半小时即可称量。

挪动干燥器时,不应只端下部,而应按住盖子挪动,如图2-18(b)所示,以防盖子滑落。

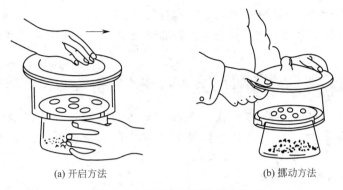

(a) 开启方法　　　　　　　　　(b) 挪动方法

图 2-18　干燥器的开启与挪动

3.6.2 离心

在半微量定性分析中，把沉淀和溶液分开，常用离心沉降的方法，这就要使用离心机（利用离心沉降原理将溶液和沉淀分开的设备，常见的离心机见图 2-19）。常用的有手摇离心机和电动离心机两种。当盛有混合物的离心管在离心机中迅速旋转时，沉淀的微粒受到离心力的作用，向离心管底部的方向抛去，因此沉淀在管的尖端迅速聚集成一层，溶液（离心液）则完全澄清。

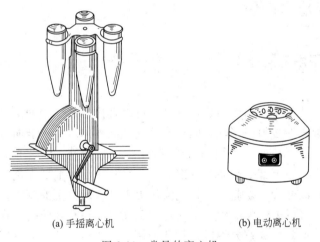

(a) 手摇离心机　　　　　　　　　(b) 电动离心机

图 2-19　常见的离心机

必须注意，电动离心机是高速旋转的，为了避免发生危险，要用盖加以保护。离心机特别是电动离心机是较贵重的仪器，应该按操作要求小心使用。离心机的操作方法如下：为了避免旋转时将离心管碰破，应在离心机的套管底部垫上少许棉花，然后放入离心管；为了保持旋转时不发生震动或摇动，几个离心管应置于相对应的套管中，并使各管盛溶液高度基本相等。如果只有一个离心管的试液要离心分离，则应另取装有约等量水的离心管与之对称。使用手摇离心机时，开始应缓缓旋转，以后逐渐加快（绝对不允许猛力旋转！），1～2min 后，放开手，任其自行停止，不能用任何外力使其突然停止。离心机应经常加润滑油，在正常情况下转动不应有杂音。使用电动离心机时，开始缓慢旋转（即将变阻器置于低速位置），以后逐渐移动变阻器使电流加大而使转速加快。停止前，移动变阻器至原来位置，任其自行停止，取出离心试管。电动离心机旋转速度视沉淀性质而定。结晶形和致密沉淀，转速大约为 1000r/min，经 1～2min 即可；而无定形和疏松沉淀，旋转速度应提高，约 2000r/min，经 3～4min 即可。如仍不能分离，则设法（如加热或加入不影响反应的电解质）促使凝聚，然后再离心分离。

3.6.3 结晶

物质从液态（液体或熔融体）或气态形成晶体的过程，称为结晶。一般结晶速度慢，晶体就大，晶形就完整。结晶是提纯固体物质的重要方法之一。结晶方法主要可分为两类：

(1) 去除一部分溶剂的结晶

使溶剂一部分蒸发或汽化，溶液浓缩达到过饱和而结晶。用于溶解度随着温度下降而减小不多的物质，如氯化钠、氯化钾、碳酸钾等。

(2) 不去除溶剂的结晶

使溶液冷却达到过饱和而结晶、用于溶解度随着温度下降而显著减小的物质，如硝酸钾、硝酸钠、硫酸镁等。

结晶主要分两个阶段，二者通常是同时进行的，但多少可独立地加以控制。第一阶段是结晶核（晶体微粒）的形成，第二阶段是晶核的成长。如果能控制晶核的数目，就能调节最终形成的晶体大小。

3.7 滴定分析基本操作

3.7.1 滴定管使用前的准备

(1) 洗涤

滴定管用前须将其洗净。当无明显污染时，可以直接用自来水冲洗或用滴定管刷蘸洗涤剂刷洗。注意滴定管刷毛必须相当软，刷头的铁丝不能露出，也不能向旁侧弯曲，以免划伤内壁。在用洗涤剂洗不干净时，可用铬酸洗液 5～10mL 清洗，洗涤前活塞必须预先关闭，倒入洗液后，一手拿住滴定管上端无刻度部分，一手拿住活塞上部无刻度部分，边转动边向管口倾斜，使洗液布满全管，立起后，将洗液从尖嘴管放回原洗液瓶中。如果用洗液浸洗碱式滴定管（碱式管）可以去掉尖嘴管，把滴定管倒立浸在装有洗液的烧杯中，洗液吸上，用弹簧夹夹住橡皮管，如此放置数分钟后，打开弹簧夹，放出洗液，无论用洗涤剂还是洗液洗涤后都须用自来水充分洗涤，但应"少量多次"。

(2) 检漏

在用自来水洗涤后应检查滴定管是否漏水。检查酸式滴定管时，把活塞关闭，用水充满到"0"线以上，直立约 2min，用滤纸条边缘与活塞的两头接缝处相接触，若纸条潮湿，说明酸式滴定管漏液，否则不漏。然后将活塞转 $180°$，再直立 2min，仍用纸条检查。检查碱式滴定管，只需装水至"0"线直立 2min 即可。

(3) 涂油

如果发现漏水或酸式滴定管（酸式管）活塞转动不灵，则酸式管需拆下活塞涂油，碱式管则需要换玻璃珠及橡皮管。酸式管涂油的做法是：将滴定管平放桌面上，先取下活塞的橡皮筋，再抽出活塞，卷上一小片滤纸再插入活塞套内，转动几次，再用滤纸片擦净活塞，用手指蘸少量凡士林搽在活塞两头,最好先在活塞孔内穿插一小段纸绳,以免凡士林涂入孔中,然后沿活塞周围涂一薄层(图 2-20),注意凡士林不能涂得太多,要少而均匀。涂完后,将活塞一直插入活塞套内,沿同一方向旋转几次。此时活塞部位应呈透明,否则说明活塞套未擦干净或凡士林涂得不合适。如果有油从活塞缝隙溢出或被挤入活塞孔,表示涂油太多。遇有这些情况,都必须重新处理。涂好油的活塞应该是润滑而不漏水。

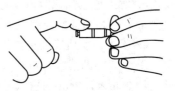

图 2-20　活塞涂凡士林

为了避免活塞被碰松动时脱落损坏,涂好油的滴定管应在活塞两端套一个小橡皮圈。注意,此时应用手指抵住活塞柄,不使旋塞松动。

按前述方法洗净滴定管,此时滴定管内壁全部为一层薄水膜湿润而不挂水珠。

3.7.2 滴定管的使用方法及滴定操作

(1) 操作溶液(标准溶液或待标定溶液)的装入

先将操作液摇匀,用该溶液润洗滴定管 2～3 次,每次 10mL 溶液,双手拿住滴定管两端无刻度部位,在转动滴定管的同时,使溶液流遍内壁,再将溶液放出。润洗之后,随即装入溶液,左手拿住滴定管上端无刻度部位,右手拿盛溶液的试剂瓶,将溶液直接加入滴定管。然后排除气泡:对于酸试滴定管,右手拿住管上端的无刻线部位(或夹在滴定台上),左手握住活塞,握塞的方式见图 2-21,迅速打开活塞,同时观察活塞以下的细管中的气泡是否全部被溶液冲出,排除气泡后随即关闭活塞。对于碱式滴定管,右手握住管身上端,并使管身稍倾斜,左手捏乳胶管中玻璃珠周围,使尖嘴向上翘(图 2-22)使溶液迅速冲出,同时观察玻璃珠以下的管内气泡是否排尽。

图 2-21　酸管握塞的方式

图 2-22　排除气泡

(2) 初读数的调节和读数方法

装入溶液至滴定管零线以上几毫米,滴定管口下方放一装废液的烧杯,打开活塞或挤捏玻璃珠橡皮,使管内的液面慢慢下降到弯月面下缘最低点与 0～1.00mL 范围的某一刻度相切为止,等 1～2min 后检查一下液面位置有无变化;如无变化,就记录滴定管的初读数。滴定管初读数最好在 0.00～1.00mL 刻度处,这样可以消除因上下刻度不均匀所造成的误差。

读数时应遵守以下规则:

a. 放出溶液后必须等 1～2min,使附着在内壁上的溶液流下后再读数。在放出溶液速度相当慢时,等 0.5～1min 即可。

b. 应该把滴定管垂直地夹在滴定管夹上,或将滴定管取下,处于自然垂直状态下读取初读数和终读数。

c. 读数时,视线应与弯月面下缘平行相切。正确读数的方法见图 2-23。

d. 对无色或浅色溶液读弯月面下最低点，溶液颜色太深实在不能观察下缘时，可以读两侧最高点，初读数与终读数应用同一标准。

e. 读数必须估读到小数后第二位，即估读到 0.01mL。

f. 为了协助读数，可在滴定管后面衬一读数卡。读数卡可用一张黑纸或涂有一黑长方形的约 3cm×1.5cm 的白纸。读数时，手持读数卡放在滴定管背后，使黑色部分在弯月面下约 1mm，即看到弯月面的反射层成为黑色（图 2-24），读此黑色弯月面下缘的最低点。除不能使用酸式滴定管而必须用碱式滴定管的情况外，尽可能用酸式滴定管。因为碱式滴定管的准确度不如酸式滴定管。

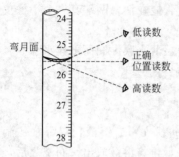

图 2-23　无色以及浅色溶液的读数

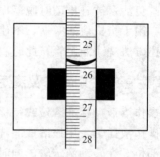

图 2-24　衬黑白卡读数

(3) 滴定操作

滴定一般是在锥形瓶中进行，必要时也可以在烧杯中滴定，滴定操作如下：使用酸式滴定管时，将滴定管夹在管夹上。活塞柄向右，左手从中间向右伸出，拇指在管前，食指及中指在管后，二指平行地轻轻拿住活塞柄，无名指由下向上各顶住活塞柄一端，拇指在上面配合动作，需要让滴定剂滴下时可按顺时针或逆时针方向转动，注意在旋动活塞时，手心不能把活塞向外推，以防止漏液。滴定管尖插入锥形瓶 1~2cm，右手摇动锥形瓶，使溶液沿一个方向旋转，要边摇边滴，使滴下去的溶液尽快混匀。滴定过程中左手不得离开活塞而任溶液自流，如图 2-25 所示。

使用碱式滴定管在锥形瓶和烧杯中的操作如图 2-26 所示。左手拇指在前，食指在后，拿住橡胶管中的玻璃珠所在部位稍上处，无名指及小指夹在尖嘴管，使尖嘴管垂直而不摆动。拇指及食指向右挤橡皮管，使玻璃珠旁边形成空隙；也可向左挤橡皮管，但都不要用力按玻璃珠，特别注意不能挤压玻璃珠的下部地方，否则滴定结束时，放开手就会有空气进入滴定管而形成气泡。

图 2-25　酸式滴定管的操作

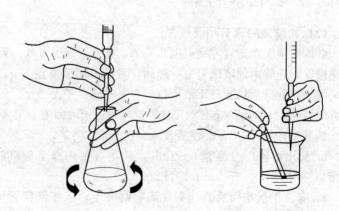

图 2-26　碱式滴定管的操作

在烧杯中滴定，除混匀溶液要用玻璃棒搅动外，其他操作皆同于用锥形瓶的滴定。滴定要适当控制滴定的速度。开始滴定时滴定剂的滴速最快 3～4 滴/s，随着滴定的进行，滴定剂的滴速应逐渐减慢，当滴落点周围出现明显的颜色，而且颜色扩散区域渐宽，仿佛要充满整个瓶中的溶液时，说明测定已很接近于滴定终点，此时，滴定剂的加入只能是加一滴或半滴，直至整个被测溶液的颜色发生改变，就停止滴定。半滴溶液指自然悬在滴定管尖而不会落下的那点溶液，加半滴的操作是要用洗瓶中的水冲下或用锥形瓶内壁与滴定管尖相靠，让它流入到锥形瓶中，充分摇匀。

第4章 无机及分析化学实验常用仪器操作技能

4.1 天平

4.1.1 托盘天平

托盘天平一般能称准至0.1g。粗略（精确度要求不高）称量常使用托盘天平，其结构如图2-27所示。使用方法如下：

① 零点调整 托盘中未放物体时，如指针不在刻度零点，可用平衡调节螺丝调节。

② 称量 称量物不直接放在天平盘上称量（避免天平盘受腐蚀），而放在已称过质量的表面皿上，或放在称量纸上（左、右各放一张质量相等的称量纸）。潮湿的或具有腐蚀性的药品应放在玻璃容器内。称量物放在左盘，砝码放在右盘，如添加10g或5g以下的砝码时可以移动游码，直至指针与刻度盘的零点相符（可以偏差1格），记下砝码及游码标尺所示质量，此即为物体质量。

③ 称量后 称完应把砝码放回盒内，把标尺上的游码移到刻度"0"处，把两只托盘叠放在同一边，将天平打扫干净。

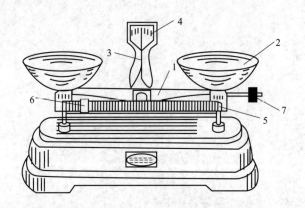

图2-27 托盘天平

1—横梁；2—托盘；3—指针；4—刻度盘；5—游码标尺；6—游码；7—平衡调节螺钉

4.1.2 电子天平

电子天平是最新一代的天平，是根据电磁力平衡原理直接称量，称量不需要砝码，放上被称物后，在几秒钟内即达到平衡，显示读数，称量速度快、精度高。其外形如图2-28所示。其使用方法如下：

① 调水平：调整地脚螺栓高度，使水平仪内空气气泡位于圆环中央。

② 预热：接通电源，预热30min（天平在初次接通电源或长时间断电之后，至少需要预热30min）。为取得理想的测量结果，一般不切断电源，天平应保持在待机状态。

③ 开机：按开关键"ON/OFF"，显示器全亮，约2s后显示天平的型号，然后是称量

模式 0.0000g。读数时应关上天平门。

④ 校正：首次使用天平必须进行校正，因存放时间较长、位置移动、环境变化或为获得精确测量，天平在使用前一般都应进行校正操作。按校正键"CAL"，天平将显示所需校正砝码质量，放上砝码直至出现与校正砝码相同的数据，校正结束。

⑤ 称量：使用去皮键"TARE"，去皮清零，放置被称物于秤盘上，关上天平门，进行称量。

⑥ 关机：称量结束后按天平"ON/OFF"键关闭显示器。若当天不再使用天平，应拔下电源插头。一般天平应一直保持通电状态（24h），不使用时将开关键关至待机状态，使天平保持保温状态，可延长天平使用寿命。

图 2-28　电子天平外形图

4.2　酸度计基本原理及使用方法

酸度计是指通过测量工作电池的电动势，来分析待测溶液酸度（即 pH）或电极电位的一种分析仪器。该仪器除测量溶液的酸度之外，也可以测量溶液的电极电位。酸度计采用高性能的具有极高输入阻抗的集成运算放大电路，具有稳定、可靠等特点，使用方便。

4.2.1　工作原理

酸度计一般利用玻璃电极和银-氯化银电极对被测溶液中不同的酸度所产生的直流电势，输入到一台用高输入阻抗集成运算放大器组成的直流放大器，以达到指示 pH 值的目的。

水溶液中酸度的测量一般用玻璃电极作为测量电极，甘汞电极或银-氯化银电极作为参比电极。当氢离子浓度发生变化时，玻璃电极和参比电极之间的电动势也随着发生变化。常温常压下，溶液的电动势与其酸度之间符合下列关系：

$$E = K + 0.05916 \text{pH}$$

4.2.2 pHSJ-4A 型酸度计简介

(1) 仪器的安装

pHSJ-4A 型酸度计的构成见图 2-29。

① 将多功能电极架 10 插入电极架座 3 中。

② E-201-C 型复合电极 11 和温度传感器 14 夹在多功能电极架 10 上。

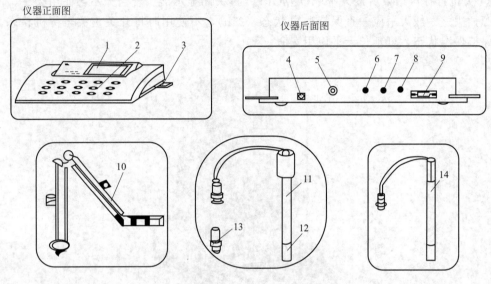

图 2-29 pHSJ-4A 型酸度计

1—显示屏；2—键盘；3—电极架座；4—电源插座；5—测量电极插座；6—参比电极插座；
7—接地接线柱；8—温度传感器插座；9—RS-232 接口；10—多功能电极架；
11—E-201-C 型复合电极；12—电极套；13—Q9 短路插头；14—温度传感器

③ 拉下 E-201-C 型复合电极 11 前段的电极套 12。

④ 在测量电极插座 5 处拔去 Q9 短路插头 13。然后，分别将 E-201-C 型复合电极 11 温度传感器 14 插入测量电极插座 5 和温度传感器插座 8 内。

⑤ 用蒸馏水清洗复合电极，清洗后再用被测溶液清洗一次，然后将复合电极和温度传感器浸入被测溶液中。

⑥ 通用电源器输出插头插入仪器的电源插座 4 内。然后，接通通用电源器的电源，仪器可以进行正常操作。

⑦ 若用户配置 TP-16 型打印机，则将该打印机连接线分别插入仪器的 RS-232 接口 9 和打印机插座内。

(2) 测定步骤

① 开机　参照图 2-30，按下"ON/OFF"键，仪器将显示"PHSJ-4ApH 计"和"雷磁"商标，此显示几秒后，仪器自动进入 pH 测量工作状态。

② 选择等电位点　仪器处于任何工作状态下，按下"等电位点"键，仪器即进入"等电位点"选择工作状态。仪器设有三个等电位点，分别为 7.00pH、12.00pH 和 17.00pH。测定一般水溶液的等电位点为 7.00pH，测定纯水和超纯水的等电位点为 12.00pH，测定含有氨水溶液的等电位点为 17.00pH。

③ 电极标定

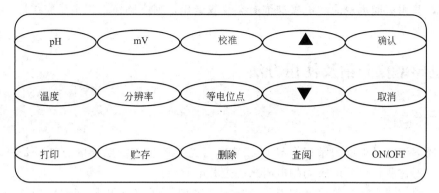

图 2-30　键盘

a. 一点标定　一点标定含义是只采用一种 pH 标准缓冲溶液对电极系统进行标定，用于自动校正仪器的定位值。仪器把 pH 复合电极的百分斜率作为 100%，在测量仪器精度要求不高的情况下，可采用此方法，操作步骤如下：

ⅰ. 将 pH 复合电极和温度传感器用蒸馏水清洗干净后，放入所选择的 pH 标准缓冲溶液中；

ⅱ. 按"校准"键，仪器进入"标定 1"工作状态，此时，仪器显示"标定 1"以及当前测得 pH 值和温度值；

ⅲ. 当显示屏上的 pH 值读数趋于稳定后，按"确认"键，仪器显示"标定 1 结束！"以及 pH 值和斜率值，说明仪器已经完成一点标定，此时，pH、mV、校准和等电位点键均有效，按下任一键，则进入工作状态。

b. 两点标定　两点标定是为了提高 pH 的测量精度。其含义是选用两种 pH 标准缓冲溶液对电极系统进行标定，测得 pH 复合电极的实际百分理论斜率。

ⅰ. 在完成一点标定后，将电极取出重新用蒸馏水清洗干净，放入另一种 pH 标准缓冲液中；

ⅱ. 再按"校准"键，使仪器进入"标定 2"工作状态，仪器显示"标定 2"以及当前的 pH 值和温度值；

ⅲ. 当显示屏上的 pH 值读数趋于稳定后，按下"确认"键，仪器显示"标定 2 结束！"以及 pH 值和斜率值，说明仪器已经完成两点标定，此时，pH、mV、校准和等电位点键均有效，按下任一键，则进入工作状态。

④ pH 值测量　按下"pH"键，仪器进入 pH 测量状态。将复合电极清洗干净后，再用少量被测液清洗，然后将 pH 复合电极放入被测溶液，显示屏上的 pH 值稳定后，即可读数。

测量结束后，应及时将电极套套上。电极套内应放少量外参比溶液以保持电极球泡的湿润。切忌浸泡在蒸馏水中。

4.2.3　玻璃电极的维护

玻璃电极的主要部分为下端的玻璃泡，该球泡极薄，切忌与硬物接触，一旦发生破裂，则完全失效。取用和收藏时应特别小心。安装时，玻璃电极球泡下端应略高于甘汞电极的下端，以免碰到烧杯底部。新的玻璃电极在使用前应在蒸馏水中浸泡 48h 以上，不用时最好浸泡在蒸馏水中。在强碱溶液中应尽量避免使用玻璃电极，如果使用应迅速操作，测完后立即用水洗涤，并用蒸馏水浸泡。电极球泡有裂纹或老化，则应调换，否则反应缓慢，甚至造成较大的测量误差。

4.3 电导率仪介绍及使用方法

4.3.1 基本原理

电解质溶液的导电能力常以电导 G 来表示。通常测量溶液电导的方法，是将两电极插入溶液中，通过测量出两电极间的电阻来确定其电导数值。

根据欧姆定律，在待测溶液的温度一定时，两电极间的电阻 R 与两电极间的距离 l 成正比，与电极的截面积成反比。即有：

$$R = \rho \frac{l}{A}$$

式中，ρ 称为电阻率。

由于电导是电阻的倒数，所以有 $G = \dfrac{1}{R} = \dfrac{1}{\rho} \times \dfrac{A}{l}$

如令 $\dfrac{1}{\rho} = \kappa$，则有 $G = \kappa \dfrac{A}{l}$

式中，κ 称为电导率，它表示两电极距离为 1m，截面积为 $1m^2$ 时溶液的电导，S/m。

由该计算式可见，溶液的电导与测量电极的面积和两极间距离相关，而电导率则与测量电极的面积和两极间距离无关。因此，用电导率 κ 来反映溶液的导电能力更为恰当。

DDS-11A 型电导率仪是目前较常使用的电导率测量仪器，它的外形结构如图 2-31 所示。

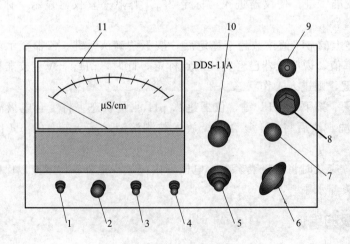

图 2-31 DDS-11A 型电导率仪外形结构

1—电源开关；2—电源指示灯；3—高、低周开关；4—校正、测量开关；5—校正调节；6—量程选择开关；7—电容补偿；8—电极插口；9—10mV 输出；10—电极常数补偿；11—读数表头

DDS-11A 型电导率仪的测量范围为 $0\sim10^5\,\mu\text{S/m}$，分为 12 个量程，不同的量程要配备不同的电极。各量程范围和相应的配用电极如表 2-6 所示。

表 2-6 DDS-11A 型电导率仪的量程范围与配用电极

量程	电导率/(μS/m)	测量使用频率	配用电极
1	$0\sim0.1$	低周	DJS-1 型光亮电极
2	$0\sim0.3$		
3	$0\sim1$		
4	$0\sim3$		
5	$0\sim10$		DJS-1 型铂黑电极
6	$0\sim30$		
7	$0\sim100$		
8	$0\sim300$		
9	$0\sim10^3$	高周	高周 DJS-10 型铂黑电极
10	$0\sim3\times10^3$		
11	$0\sim10^4$		
12	$0\sim10^5$		

4.3.2 DDS-11A 型电导率仪的使用方法

(1) 该仪器在未接通时，表头的指针必须位于刻度线的"0"处。如果不在"0"处，应当用表头上的校正螺钉调节至零。

(2) 将校正测量开关 4 拨到"校正"位置。

(3) 开启电源开关 1，预热数分钟，待表头指针稳定后，调节校正调节器 5，使指针指向满刻度处。

(4) 根据被测溶液电导率的大小，选择"低周"或"高周"。选择的原则是，当测量电导率小于 $300\mu\text{S/m}$ 的溶液时，将高低周开关拨向低周；当测量电导率大于 $300\mu\text{S/m}$ 的溶液时，将高低周开关拨向高周。

(5) 将量程选择开关拨到所需的测量范围挡位上。如果预先不知道被测溶液电导率所在的范围，应先将此开关拨到最大挡，然后，逐步下降至合适范围。应当防止量程选择不当，打弯表头的指针。

(6) 根据被测溶液电导率的大小，按使用要求选择合适的电极。同时，将电极常数调节器调节到与该电极所标示的电极常数一致的数值处。例如，所用电极的电极常数是 0.95，则应将电极常数调节器拨到 0.95 处。

(7) 将电极插头插在电极插口 8 内，旋紧插口上的固定螺钉。用少量待测溶液将电极冲洗 2~3 次，然后将电极浸入待测溶液中。

(8) 再次调节校正调节器 5，使电表指针位于满刻度处。然后，将校正测量开关拨到测量位置。此时，电表指针所指示的数值，乘上量程开关所对应的倍率，即可求得待测溶液的电导率的数值。

(9) 在使用量程选择开关的各奇数挡位时，应读取表头中上行的数值；在使用量程选择开关各偶数挡位时，应读取表头中下行的数值；即红点对红线，黑点对黑线。

(10) 当用 $0\sim0.1\mu\text{S/m}$ 或用 $0\sim0.3\mu\text{S/m}$ 这两挡测量高纯水的电导率时，应将电极引线插头插在电极插口内。在电极未浸入溶液之前，应调节电容补偿调节器 7，使电表指针处在最小值（由于电极之间存在漏电阻，致使调节电容补偿调节器时，指针不能达到零点），待指针稳定后，即可开始测量。

（11）测量完毕后，断开电源，取下电极，用蒸馏水洗净后放回盒中。

4.3.3 DDS-11A 型电导率仪的使用注意事项

（1）电极使用之前，应将电极浸泡在蒸馏水中数分钟，但应注意不能弄湿电极引线，否则将可能降低测量结果的准确度。

（2）测量高纯水时，应尽可能缩短该水样在大气中的暴露时间，否则空气中的 CO_2 溶于水，其解离出 H^+ 和 HCO_3^- 会使所测的电导率变大。

（3）所测电导率大于 $1\times10^4\ \mu S/m$ 时，应选用 DJS-10 型铂黑电极。此时，应把电极常数调节器调节到该电极常数数值的 1/10 处。例如，电极常数若为 9.8，则将调节器拨至 0.98 处，最后将表头指针的读数乘以 10，即可得被测溶液的电导率。

4.4 可见分光光度计的介绍及使用方法

4.4.1 分光光度计的介绍

分光光度计有各种型号，但仪器的基本结构是相似的，通常由光源、单色器、吸收池、检测器和显示系统等所组成。分光光度计的作用是测量溶液的吸光度或透光率。

按其光路系统可大致分为单光束、双光束、单波长、双波长以及它们的各种组合方式等。目前国产的单光束单波长分光光度计主要有 72 型、721 型、722 型、Xg-125 型、751 型等。其中使用最广泛价格较便宜的是 721 型可见分光光度计，721 型可见分光光度计具有体积小、性能稳定、价格便宜、操作简便等特点。

721 型可见分光光度计是在 72 型的基础上改造而成的，它的可测波长范围为可见光区 360~800nm。它采用体积很小的晶体管稳压器代替了 72 型笨重的磁饱和稳压器；用光电管代替了 72 型的硒光电池作为检测器；用指针式微安表代替了 72 型体积大且容易损坏的悬镜式光点反射检流计，且对电路系统进行了很大的改进，将所有的部件装成一个整体，淘汰了 72 型独立的三大部件（即稳压器、单色器和检流计）。722 型光栅分光光度计以光栅作为分光系统，代替 721 型分光光度计用棱镜作分光系统，其单色性能得到很大的改进，且采用数字化显示功能，使操作更加简便，重现性更好。

722 型光栅分光光度计的结构示意图和外形图见图 2-32 和图 2-33。

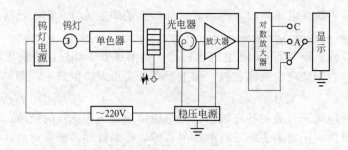

图 2-32　722 型光栅分光光度计结构示意图

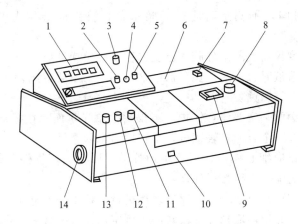

图 2-33　722 型分光光度计外形示意图

1—数字显示器；2—吸光度调零旋钮；3—选择开关；4—吸光度调斜率电位器；5—浓度旋钮；
6—光源室；7—电源开关；8—波长选择旋钮；9—波长刻度窗；10—样品架拉手；
11—100% T 旋钮；12—0% T 旋钮；13—灵敏度调节旋钮；14—干燥器

4.4.2　722 型光栅分光光度计的使用方法

（1）在接通电源之前，应进行安全检查，如电源线和接地线应牢固，各个旋钮的起始位置应当正确。

（2）将灵敏度挡旋钮调至 1 挡，此时放大倍数最小，仪器的读数最稳定，调节波长至所需的位置处。旋转各相关旋钮时，动作一定要轻缓，如感觉有阻力，绝不可再旋动。

（3）开启电源开关，指示灯变亮，将功能选择开关置于"T"处，调节 100 旋钮，使数字显示为"100.0"，预热 20min。

（4）打开吸收池暗室盖，调节 0 旋钮，使数字显示为"00.0"；盖上吸收池盖，此时光门会自动打开，将参比溶液置于光路，调节 100% 旋钮，使数字显示为"100.0"。

（5）如果数字显示不到"100.0"，则可依次增大放大器灵敏度挡数，但应尽可能使用较低挡数，这样仪器将有更高的稳定性。改变灵敏度挡数后，必须按步骤（4）重新校正"0"和"100.0"。

（6）连续几次校正"0"和"100.0"后，将功能选择开关置于 A 处，调节吸光度调零旋钮，将显示的数字调节为"0.000"。将待测溶液推入光路，此时表头所显示的数值即为待测溶液的吸光度 A 的数值。

（7）浓度 c 的直接测量。将功能选择开关旋至 C 处，把标准溶液推入光路，调节浓度旋钮，使表头所显示的数值恰好为标准溶液浓度的数值。此时，将待测溶液推入光路，则表头所显示的数值，即为待测溶液的浓度。

改变分光光度计的任何一个参数后，必须按步骤（4）操作，重新校正"0"和"100.0"，才能进行测量工作。大幅度改变波长时，在校正"0"和"100.0"后，应稍等片刻，因光能变化急剧，光电管反应比较缓慢，需一定的光响应时间，待仪器稳定后，重新校正"0"和"100.0"，再进行下一步的测量工作。

4.4.3　722 型光栅分光光度计使用注意事项

（1）为了避免光电管（或光电池）长时间受光照射引起的疲劳现象，应尽可能减少光电管受光照射的时间，不测定时应打开暗室盖，特别应避免光电管（或光电池）受强光照射。

（2）使用前若发现仪器上所附硅胶管已变红应及时更换硅胶。

（3）比色皿盛取溶液时只需装至比色皿的2/3即可，不要过满，避免在测定的拉动过程中溅出，使仪器受湿、被腐蚀。

（4）比色皿的光学面一定要注意保护，不得用手拿光学面，在擦干光学面上的水分时，只能用绸布或擦镜纸按一个方向轻轻擦拭，不得用力来回摩擦。

（5）仪器上各旋钮应细心操作，不要用劲拧动，以免损坏机件。若发现仪器工作有异常，应及时报告指导老师，不得自行处理。

（6）仪器调"0"及调"100.0"可反复多次进行，特别是外电压不稳时更应如此。

（7）若大幅度调整波长，应稍等一段时间再测定，让光电管有一定的适应时间。

（8）每改变一个波长，就得重新调"0"和"100.0"。

第三篇

化学实验基本操作训练

实验一　玻璃仪器的认领、洗涤和干燥

一、实验目的

1. 知识目标

认识无机及分析化学实验常用仪器的名称、规格与用途。

2. 技能目标

掌握常用玻璃仪器的洗涤和干燥方法；掌握酒精灯的使用方法。

二、预习思考

1. 简述玻璃仪器的洗涤步骤。
2. 哪种情况需用铬酸洗液洗涤？
3. 蒸馏水与自来水有什么区别？
4. 使用酒精灯应注意哪些问题？

三、实验原理和技能

1. 无机及分析化学实验常用仪器介绍

见第二篇 3.2 节。

2. 化学实验用水的要求及制备

见第二篇 3.1 节。

3. 化学实验常用玻璃仪器的洗涤和干燥

见第二篇 3.3 节。

四、主要仪器及试剂

1. 仪器

电热恒温干燥箱、酒精灯、毛刷、气流烘干仪及全套玻璃容器（见实验室仪器清单）。

2. 试剂

去污粉、铬酸洗液、洗涤剂。

五、实验内容

1. 学习实验室规章制度及注意事项。

2. 认领仪器

按实验室仪器清单逐个清点和认领无机及分析化学实验中常用玻璃仪器。

3. 玻璃仪器的洗涤

按仪器清单将仪器洗涤干净，并抽取两件交教师检查。

4. 玻璃仪器的干燥

将洗涤干净的玻璃仪器放置于电热恒温干燥箱中干燥，干燥后请教师检查玻璃仪器的清洁程度。

实验二　玻璃管加工及塞子钻孔

一、实验目的

1. 知识目标

了解酒精喷灯的构造、原理；了解玻璃管加工，塞子钻孔等基本知识。

2. 技能目标

学会酒精喷灯的使用方法；学会玻璃管的截断与熔光、弯曲、拉制、熔烧等方法；学会塞子钻孔，玻璃管装配等方法。

二、预习思考

1. 使用酒精喷灯时要注意哪些问题？
2. 玻璃管加工中操作的要点和注意事项是什么？
3. 如何在橡皮塞和软木塞上钻孔和安装玻璃导管？

三、实验原理和技能

1. 酒精喷灯的使用技术

酒精喷灯的常见类型见第二篇 3.4 节。

酒精喷灯的使用方法如下：

① 使用前首先用探针捅一捅酒精蒸气出口，以保证出口畅通。

② 借助小漏斗向酒精壶内添加酒精，添加量以不超过酒精壶容积的 2/3 为宜。

③ 向预热盘注入少许酒精，点燃酒精使灯管受热，待酒精接近燃完并且在灯管口处有火焰时，上下移动空气调节器调节火焰，直至灯管口冒出蓝色火焰并发出"嗡嗡"声，这时酒精喷灯可以正常使用了。

④ 用完后，用石棉网或硬质板熄灭火焰，也可以将调节器上移来熄灭火焰。

注：若酒精喷灯长期不用，须将壶内剩余的酒精倒出。

2. 玻璃管（棒）的加工技术

玻璃管的加工有截断与熔光、弯曲、抽拉与扩口等技能。

(1) 截断与熔光

① 锉痕　将所要截断的玻璃管平放在桌面上，用三角锉刀的棱沿着拇指指甲在需截断处用力锉出一道凹痕。注意锉刀应向前方锉，而不能往复锉，以免锉刀磨损和锉痕不平整。锉出来的凹痕应与玻璃管垂直，以保证玻璃管截断后截面平整，如图 3-1(a) 所示。

② 截断　双手持玻璃管锉痕两侧，拇指放在划痕的背后向前推压，同时食指向后拉，即可截断玻璃管，如图 3-1(b) 所示。

③ 熔光　玻璃管的断面很锋利，难以插入塞子的圆孔内，且容易把手割破，所以必须将断面在酒精灯的氧化焰熔烧光滑。操作方法是将截面斜插入氧化焰中，同时缓慢地转动玻璃管使管受热均匀，直到光滑为止。熔烧的时间不可过长，以免管口收缩。灼热的玻璃管应放在石棉网上冷却，不要放在桌面上，以免烧焦桌面，也不要用手去摸，以免烫伤，如图 3-1(c) 所示。

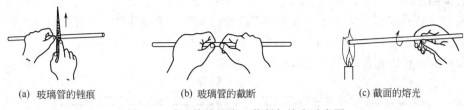

(a) 玻璃管的锉痕　　　(b) 玻璃管的截断　　　(c) 截面的熔光

图 3-1　玻璃管的锉痕、截断与熔光示意图

(2) 玻璃管的弯曲

① 烧管　先将玻璃管在小火上来回并旋转预热，见图 3-2(a)。然后用双手托持玻璃管，把要弯曲的地方斜插入氧化焰中，以增大玻璃管的受热面积，同时缓慢地转动玻璃管，使之受热均匀。注意两手用力均匀，转速一致，以免玻璃管在火焰中扭曲。加热到玻璃管发黄变软即可弯管。

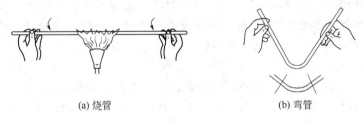

(a) 烧管　　　　　　　　　(b) 弯管

图 3-2　玻璃管的弯曲

② 弯管　自火焰中取出玻璃管后，稍等一两秒钟，使各部温度均匀，然后用"V"字形手法将它准确地弯成所需的角度。弯管的手法是两手在上边，玻璃管的弯曲部分在两手中间的正下方。弯好后，待其冷却变硬后才可撒手，放在石棉网上继续冷却。120℃以上的角度可一次性弯成。较小的锐角可分几次弯，先弯成一个较大的角度，然后在第一次受热部位的偏左、偏右处进行再次加热和弯曲，如图 3-2(b) 中的左右两侧直线处，直到弯成所需的角度为止。

合格的弯管必须弯角里外均匀平滑，角度准确，整个玻璃管处在同一个平面上，如图 3-3 所示。

(a) 合格　　(b) 不合格

图 3-3　弯管好坏的比较　　　　图 3-4　玻璃管抽拉示意图

(3) 玻璃管的抽拉与滴管的制作

制备毛细管和滴管时都要用到玻璃管的抽拉操作。第一步烧管，第二步抽拉。烧管的方法同上，但烧管的时间要更长些，受热面积也可以小些。将玻璃管烧到橙色，更加发软时才可从火焰中取出来，沿水平方向向两边拉动，并同时来回转动，如图 3-4 所示。拉到所需细度时，一手持玻璃管，让之垂直下垂，冷却后即可按需要截断，成为毛细管或滴管料。合格

的毛细管应粗细均匀一致，见图3-5。

截断的拉管，细端在喷灯焰中熔光即成滴管的尖嘴。粗端管口放入灯焰烧至红热后，用金属挫刀柄斜放在管内迅速而均匀地旋转，即得扩口，然后在石棉网稍压一下，使管口外卷，冷却后套上橡胶帽便成为一支滴管。

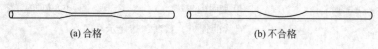

(a) 合格　　　　　　　(b) 不合格

图 3-5　拉管好坏比较

3. 塞子的选择、钻孔及其与玻璃导管的连接方法

(1) 塞子的选择

实验室所用的塞子有软木塞、橡皮塞及玻璃磨口塞。前两者常需要钻孔，以插配温度计和玻璃导管等。选用塞子时，除了要选择材质外，还要根据容器口径大小选择合适大小的塞子。软木塞质地松软，严密性较差，易被酸碱损坏，但与有机物作用小，故常用于有机物（溶剂）接触的场合。橡皮塞弹性好，可把瓶子塞得严密，并耐强碱侵蚀，故常用于无机化学实验中。塞子的大小一般以能塞进容器瓶1/2～2/3为宜，塞进过多、过少都是不合适的。

(2) 塞子的钻孔

塞子选好后，还需选择口径大小适宜的钻孔器［图3-6(a)］在塞子上钻孔。钻孔器由一组直径不同的金属管组成，一端有柄，另一端的管口很锋利，用来钻孔。另外每组还配有一个带柄的细铁棒，用来捅出钻孔时进入钻孔器中的橡皮或软木。

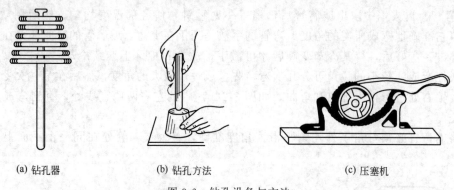

(a) 钻孔器　　　　　(b) 钻孔方法　　　　　(c) 压塞机

图 3-6　钻孔设备与方法

钻孔前，根据所要插入塞子的玻璃管（或温度计）直径大小来选择钻孔器。对橡皮塞，因有弹性，应选比欲插管子外径稍大的钻孔器，而对软木塞则应选比欲插管子外径稍小的钻孔器，这样便可保证导管插入塞子后严密无缝。

钻孔方法：将塞子小的一端朝上，平放在桌面上的一块木板上（避免钻坏桌面），左手持塞，右手握住钻孔器的柄，并在钻孔器前端涂点甘油或水，将钻孔器按在选定的位置上，以顺时针的方向，一面旋转钻孔器，一面用力向下压，如图3-6(b) 所示。钻孔器要垂直于塞子的面上，不能左右摆动，更不能倾斜，以免把孔钻斜。钻至约达塞子高度一半时，以逆时针的方向一面旋转，一面向上拉，拔出钻孔器。按同法从塞子大的一端钻孔。注意对准小的那端的孔位。直到两端的圆孔贯穿为止。拔出钻孔器，捅出钻孔器内的橡皮。

钻孔后，如果玻璃管可以毫不费力地插入塞孔，说明塞孔太大，塞孔和玻璃管之间不够严密，塞子不能使用；若塞孔稍小或不光滑时，可用圆铁修整。

软木塞钻孔的方法与橡皮塞相同。但钻孔前，要先用压塞机［图 3-6(c)］把软木塞压紧实一些，以免钻孔时钻裂。

(3) 玻璃导管的连接方法

将玻璃导管插入钻好孔的塞子的操作可分解为润湿管口，插入塞孔，旋入塞孔三个步骤。用甘油或水把玻璃管的前端湿润后，先用布包住玻璃管，然后手握玻璃管的前半部，对准塞子的孔径，边插入边旋转玻璃管至塞孔内合适的位置。如果用力过猛或者手离橡皮塞太远，都可能把玻璃管折断，刺伤手掌，务必注意。

四、主要仪器及试剂

酒精喷灯、钢锉、玻璃管、橡胶塞和软木塞等。

五、实验内容

1. 酒精喷灯的使用

结合图 2-3 认识酒精喷灯的构造，了解其工作原理，并练习其点燃，火焰调整与熄灭等基本操作。

2. 玻璃管的截断、熔光、弯曲、拉伸练习

取一段玻璃管，练习其截断、熔光、弯曲、拉伸等操作。反复练习，认真体会要领。

3. 练习钻孔

分别给一个软木塞和橡皮塞钻孔。

六、注意事项

1. 在实验操作过程中，一定要注意酒精灯的火焰不要烧着皮肤及衣服。

2. 在截断、弯曲、拉细玻璃管、玻璃棒时，注意不要扎破手指，一旦出现情况，找教师处理，不要擅自处理。

3. 在将玻璃导管插入钻好孔的塞子时，最好用抹布包住玻璃管，以免玻璃管破碎扎破皮肤。

实验三　纯水的检验

一、实验目的

1. 知识目标

了解实验室用水的要求；了解自来水和纯净水的区别。

2. 技能目标

掌握蒸馏水电导率的测定方法。

二、预习思考

1. 纯水与自来水有什么区别？

2. 纯水有哪些制备方法？

3. 如何检验纯水和自来水？

三、实验原理和技能

1. Ca^{2+}、Mg^{2+}、Cl^- 和 SO_4^{2-} 的检验方法。

2. 电导率和水纯度的关系。

四、主要仪器及试剂

1. 仪器

电导率仪、台秤、分析天平、容量瓶、移液管和量筒等。

2. 试剂

pH＝10.0 NH_3-NH_4Cl 缓冲溶液配制：称取 NH_4Cl 154g 加蒸馏水溶解，加浓氨水 380mL，再加蒸馏水稀至 1L。

指示剂铬黑 T、浓 HNO_3、0.1% $AgNO_3$ 溶液、0.1 mol/L $BaCl_2$ 溶液。

五、实验内容

1. 自来水与纯水的化学检验

(1) Ca^{2+}、Mg^{2+} 的检验

在 pH＝8～11 的溶液中，指示剂铬黑 T（本身显蓝色）能与 Ca^{2+}、Mg^{2+} 作用而显红色。取 2 支试管，分别加入 2mL 自来水及纯水，加几滴 NH_3-NH_4Cl 缓冲溶液，加入 1 滴铬黑 T 指示剂，根据颜色判断自来水及纯水是否含有 Ca^{2+}、Mg^{2+}。

(2) Cl^- 的检查

取 2 支试管，分别加入 2mL 自来水及纯水，滴加 2 滴浓 HNO_3 酸化后，滴入 0.1% $AgNO_3$ 溶液 2 滴，观察是否有白色浑浊现象。

(3) SO_4^{2-} 的检查

取 2 支试管，分别加入 2mL 自来水及纯水，滴入 0.1mol/L $BaCl_2$ 溶液 2 滴，观察有无白色浑浊现象。

2. 自来水与纯水的电导率测定

分别取 50mL 自来水和纯水于 2 个 50mL 小烧杯中，用电导率仪分别测定其电导率。

实验四 台秤和电子天平称量练习

一、实验目的

1. 知识目标

掌握台秤的工作原理及使用方法；掌握分析天平的工作原理及使用方法；掌握直接称量法的基本操作。

2. 技能目标

掌握差减称量法的步骤及方法。

二、预习思考

1. 台秤称量时如何判断两端的轻重？
2. 在什么情况下需使用差减称量法称量？
3. 为何称量器皿的外部也要保持洁净？
4. 称量完毕后应做哪些工作？
5. 差减称量法是否必须称量小烧杯？

三、实验原理和技能

1. 台秤和电子天平的称量原理

见第二篇 4.1 节。

2. 电子天平的称量方法

见第二篇 4.1 节。

四、主要仪器及试剂

1. 仪器

台秤、电子天平、称量瓶及 50mL 的小烧杯。

2. 试剂

细沙。

五、实验内容

1. 台秤的使用方法

（1）了解台称的构造、性能和使用方法。

（2）称量称量瓶及细沙的质量。

2. 电子天平的称量练习

（1）增量法

① 对照电子天平，熟悉各部分的作用。

② 检查电子天平是否处于水平状态。

③ 将小烧杯放在天平中央，读数稳定后按去皮键 TAR。

④ 用牛角勺取一定质量（0.5~0.8g）的沙子于小烧杯中，直至天平显示的质量符合要求。

⑤ 记录数据。

（2）减量法

① 检查电子天平是否处于水平状态。

② 将装有细沙的称量瓶放在天平中央，读数稳定后按去皮键 TAR。

③ 按要求倾倒质量 0.5~0.8g（准确至 0.1mg）范围内的细沙于小烧杯中。

④ 记录数据。

实验五　缓冲溶液的配制及溶液 pH 值的测定

一、实验目的

1. 知识目标

掌握缓冲溶液的概念、缓冲溶液的性质。

2. 技能目标

掌握缓冲溶液的配制方法、pH 试纸和酸度计的使用方法。

二、预习思考

1. 缓冲溶液有哪些配制方法？pH 值如何计算？

2. 测定溶液 pH 值有哪些方法？各有什么特点？

3. 使用酸度计应该注意哪些问题？

三、实验原理和技能

1. 实验原理

能够抵抗少量外加酸、碱或稀释而保持自身 pH 值基本不变的溶液，称为缓冲溶液。一般缓冲溶液由弱酸及其共轭碱、弱碱及其共轭酸组成。组成缓冲溶液的弱酸及其共轭碱或弱碱及其共轭酸，叫作缓冲对或缓冲系。缓冲溶液的氢离子和 pH 值的计算方法为：

$$c(H^+) = K_a \times \frac{c_a}{c_b}$$

$$pH = pK_a - \lg \frac{c_a}{c_b}$$

缓冲容量是用来衡量缓冲溶液的缓冲能力大小的尺度。缓冲容量的大小取决于共轭酸碱对的总浓度。共轭酸碱对的总浓度越大，缓冲容量越大。缓冲比 c_a/c_b 或 c_b/c_a 为 1 时缓冲容量最大。

缓冲溶液的配制方法：一是在一定量的弱酸（或弱碱）溶液中加入固体共轭碱（或共轭酸）；二是用相同浓度的弱酸（或弱碱）及其共轭碱（或酸）溶液，按适当体积混合；三是在一定量的弱酸（碱）中加入一定量的强碱（酸），通过酸碱反应生成的共轭碱（酸）与剩余的弱酸（碱）组成缓冲溶液。

2. 实验技能

(1) 酸度计和 pH 试纸的使用。

(2) 溶液配制的基本操作。

四、实验仪器及试剂

1. 仪器

酸度计、试管、量筒（50mL，10mL）、烧杯（100mL，50mL）、吸量管（10mL）等。

2. 试剂

HAc（0.1mol/L，1mol/L）、NaAc（0.1mol/L，1mol/L）、NaH_2PO_4（0.1mol/L）、Na_2HPO_4（0.1mol/L）、$NH_3 \cdot H_2O$（0.1mol/L）、NH_4Cl（0.1mol/L）、HCl（0.1mol/L）、NaOH（0.1mol/L，1mol/L）、pH=4 的 HCl 溶液、pH=10 的 NaOH 溶液、甲基红溶液、广泛 pH 试纸、精密 pH 试纸、吸水纸等。

五、实验内容

1. 缓冲溶液的配制与 pH 值的测定

按照表 3-1 中所给条件，计算配制三种不同 pH 值缓冲溶液所需酸及共轭碱的体积，并填入表中。用量筒量取所需溶液体积分别于 50mL 的干燥烧杯中，混合均匀后，用精密 pH 试纸和酸度计分别测定它们的 pH 值。比较理论计算值与两种测定方法实验值是否相符（溶液留作后面实验用）。

表 3-1　缓冲溶液的配制与 pH 值的测定

序号	理论 pH 值	各组的体积(总体积 50mL)	溶液 pH 值 （精密 pH 试纸测定）	溶液 pH 值 （pH 酸度计测定）
1	pH=4.0 pK_a=4.75	0.1mol/L HAc（　）mL 0.1mol/L NaAc（　）mL		
2	pH=7.0 $pK_{a,2}$=7.21	0.1mol/L NaH_2PO_4（　）mL 0.1mol/L Na_2HPO_4（　）mL		
3	pH=10.0 pK_b=4.75	0.1mol/L $NH_3 \cdot H_2O$（　）mL 0.1mol/L NH_4Cl（　）mL		

2. 缓冲溶液的性质

(1) 用量筒依次量取蒸馏水、pH=4 的 HCl 溶液和 pH=10 的 NaOH 溶液各 3mL 分别于 3 支试管中，用广泛 pH 试纸测其 pH 值，然后用胶头滴管向各试管中加入 5 滴 0.1mol/L

HCl，再测其 pH 值。用相同的方法，试验加 5 滴 0.1mol/L NaOH 溶液和加 10mL 蒸馏水后对上述三种溶液 pH 值的影响。将结果记录在表 3-2 中。

表 3-2　蒸馏水、盐酸和氢氧化钠溶液抗酸、抗碱能力测试

试管编号	溶液类别	pH 值	加 5 滴 HCl 后 pH 值	加 5 滴 NaOH 后 pH 值	加 10mL 蒸馏水后 pH 值
1	蒸馏水				
2	pH=4 的 HCl 溶液				
3	pH=10 的 NaOH 溶液				

（2）用量筒依次量取自己配制的 pH=4.0、pH=7.0、pH=10.0 的缓冲溶液各 3mL 分别于 3 支试管中。然后向各试管中分别加入 5 滴 0.1mol/L HCl，用精密 pH 试纸测其 pH 值，用相同的方法，测定加入 5 滴 0.1mol/L NaOH 对上述三种缓冲溶液 pH 值的影响。将结果记录在表 3-3 中。

表 3-3　pH=4、7、10 的缓冲溶液抗酸、抗碱能力测试

试管编号	溶液类别	pH 值	加 5 滴 HCl 后 pH 值	加 5 滴 NaOH 后 pH 值	加 10mL 蒸馏水后 pH 值
1	pH=4 的缓冲溶液				
2	pH=7 的缓冲溶液				
3	pH=10 的缓冲溶液				

（3）用量筒依次量取 pH=4.0 的缓冲溶液，pH=4 的 HCl 溶液，pH=10 的缓冲溶液，pH=10 的 NaOH 溶液各 1mL 分别于 4 支试管中，用精密 pH 试纸测定各试管中溶液的 pH 值。然后向各试管中加入 10mL 蒸馏水，混合均匀后再用精密 pH 试纸测其 pH 值，实验结果记录于表 3-4。

表 3-4　酸、碱及缓冲溶液的抗稀释能力测试

试管编号	溶液类别	pH 值	加 10mL 蒸馏水后 pH 值
1	pH=4 的 HCl 溶液		
2	pH=10 的 NaOH 溶液		
3	pH=4 的缓冲溶液		
4	pH=10 的缓冲溶液		

3. 缓冲溶液的缓冲容量

（1）缓冲容量与缓冲对浓度的关系

用量筒分别量取 0.1mol/L HAc 溶液和 0.1mol/L NaAc 溶液各 3.0mL 于一试管中，再分别量取 1.0mol/L HAc 和 1.0mol/L NaAc 各 3.0mL 于另一试管中，混匀后用精密 pH 试纸测定两试管内溶液的 pH 值，比较其 pH 值是否相同。

在上述两个试管中分别滴入 2 滴甲基红指示剂，然后在两试管中分别逐滴加入 1mol/L NaOH 溶液（每加入 1 滴 NaOH 溶液均需摇匀），直至溶液的颜色变成黄色。记录实验现象和各试管所滴入 NaOH 的滴数，比较两种缓冲溶液的缓冲容量大小。

（2）缓冲容量与缓冲组分比值的关系

用吸量管分别量取 0.1mol/L NaH_2PO_4 和 0.1mol/L Na_2HPO_4 各 10.00mL 于 50mL 烧杯中，再用吸量管取 2.0mL 0.1mol/L NaH_2PO_4 和 18.0mL 0.1mol/L NaH_2PO_4 于另一 50mL 小烧杯中，用玻璃棒混匀后，用精密 pH 试纸分别测量两小烧杯中溶液的 pH 值。然后在两个小烧杯中各加入 2.0mL 0.1mol/L NaOH，混合均匀后再用精密 pH 试纸分别测

量两烧杯中溶液的 pH 值，比较两种缓冲溶液的缓冲容量大小。

实验六　粗食盐的提纯

一、实验目的
1. 知识目标
掌握粗食盐提纯的基本原理及提纯过程。
2. 技能目标
掌握称量、过滤、蒸发及减压过滤等基本操作；掌握食盐纯度的检验方法。

二、预习思考
1. 在除去 Ca^{2+}、Mg^{2+} 和 SO_4^{2-} 时，为什么要先加 $BaCl_2$ 溶液，然后再加 Na_2CO_3 溶液？
2. 溶液浓缩时为什么不能蒸干？
3. 粗食盐为什么不能和硫酸铜一样利用重结晶法进行纯化？

三、实验原理和技能
1. 实验原理
粗食盐中通常含有不溶性杂质（如泥沙等）和可溶性杂质（主要是 Ca^{2+}、Mg^{2+}、K^+ 和 SO_4^{2-}）。化学试剂或医药用的 NaCl 都是以粗食盐为原料提纯的。不溶性杂质可用溶解、过滤方法除去。可溶性杂质可以选择适当的化学试剂使它们分别生成难溶化合物而被除去。除去粗食盐中可溶性杂质的方法如下。

（1）在粗食盐溶液中加入稍微过量的 $BaCl_2$ 溶液，SO_4^{2-} 转化为 $BaSO_4$ 沉淀，过滤可除去 SO_4^{2-}。

$$SO_4^{2-} + Ba^{2+} \longrightarrow BaSO_4 \downarrow$$

（2）向食盐溶液中加入 NaOH 和 Na_2CO_3，Ca^{2+}、Mg^{2+} 和 Ba^{2+} 转化为 $Mg_2(OH)_2CO_3$、$CaCO_3$、$BaCO_3$ 沉淀后过滤除去。

$$2Mg^{2+} + 2OH^- + CO_3^{2-} \longrightarrow Mg_2(OH)_2CO_3 \downarrow$$
$$Ca^{2+} + CO_3^{2-} \longrightarrow CaCO_3 \downarrow$$
$$Ba^{2+} + CO_3^{2-} \longrightarrow BaCO_3 \downarrow$$

（3）用稀 HCl 溶液调节食盐溶液 pH 值至 2~3，可除去过量的 NaOH 和 Na_2CO_3。

$$OH^- + H^+ \longrightarrow H_2O$$
$$CO_3^{2-} + 2H^+ \longrightarrow CO_2 \uparrow + H_2O$$

粗食盐中 K^+ 和这些沉淀不起作用，仍留在溶液中。由于 KCl 在粗食盐中的含量较少，所以在蒸发浓缩和结晶过程中绝大部分留在母液中。

2. 实验技能
掌握称量、溶解、过滤、沉淀的洗涤、蒸发及减压过滤等基本操作，产品纯度检验方法。

四、主要仪器及试剂
1. 仪器
蒸发皿、表面皿、烧杯（250mL，100mL）、量筒（100mL，10mL）、布氏漏斗、抽滤瓶。

2. 试剂

粗食盐、2.0mol/L HCl 溶液、2.0mol/L NaOH 溶液、6.0mol/L HAc 溶液、1.0mol/L Na_2CO_3 溶液、1.0mol/L $BaCl_2$ 溶液、饱和$(NH_4)_2C_2O_4$ 溶液、pH 试纸、镁试剂。

四、实验内容

1. 粗食盐的提纯

(1) 溶解粗食盐

用台秤称取 5.0g 粗食盐放入 100mL 烧杯中，加 25mL 蒸馏水，加热搅拌使大部分固体溶解，剩下少量不溶的泥沙等杂质。

(2) 除去 SO_4^{2-} 和不溶性杂质

边加热边搅拌边滴加 1mL 1.0mol/L $BaCl_2$ 溶液，继续加热使 $BaSO_4$ 沉淀完全。2~4min 后停止加热。待沉淀下降后，在上层清液中滴加 1~2 滴 $BaCl_2$ 溶液，以检验 SO_4^{2-} 是否沉淀完全，如有白色沉淀生成，则需在热溶液中再补加适量的 $BaCl_2$ 直至 SO_4^{2-} 沉淀完全。如没有白色沉淀生成，则表明 SO_4^{2-} 沉淀完全，抽滤。用少量的蒸馏水洗涤沉淀 2~3 次，滤液收集在 150mL 烧杯中。

(3) 除去 Ca^{2+}、Mg^{2+} 和 Ba^{2+}

在滤液中加入 10 滴 2.0mol/L NaOH 溶液和 2.0mL 1.0mol/L 的 Na_2CO_3 溶液，加热至沸，静置片刻，以检验沉淀是否完全沉淀。沉淀完全后用倾析法过滤，滤液收集在 100mL 烧杯中。

(4) 除去 OH^- 和 CO_3^{2-}

在滤液中逐滴加入 2.0mol/L HCl 溶液，使 pH 值达到 2~3（用 pH 试纸检查）。

(5) 蒸发结晶

将滤液放入蒸发皿中，小火加热，将溶液浓缩至糊状（勿蒸干！），停止加热。

(6) 冷却

冷却后减压抽滤，尽量将 NaCl 晶体抽干。将晶体转移至事先称好的表面皿中，放入烘箱内烘干（或者将晶体转移至事先称好的蒸发皿中，在石棉网上用小火蒸干）。

(7) 称量

冷却后，称出表面皿（或蒸发皿）和晶体的总质量，计算产率。

$$产率 = \frac{精食盐质量(g)}{粗食盐质量(g)} \times 100\%$$

2. 产品纯度的检验

称取粗食盐和精盐各 0.5g 放入试管内，分别用 5mL 蒸馏水溶解，然后各分三等份，盛在六支试管中，分成三组，用对比法比较它们的纯度。

(1) SO_4^{2-} 的检验

在第一组试管中先加 1mL 2.0mol/L HCl 酸化，然后各滴加 2 滴 1.0mol/L $BaCl_2$ 溶液，观察现象。

(2) Ca^{2+} 的检验

在第二组试管中先加 1mL 2.0mol/L HAc，然后各滴加 2 滴饱和$(NH_4)_2C_2O_4$ 溶液，观察现象。加 HAc 的目的是排除 Mg^{2+} 的干扰，因为 MgC_2O_4 溶于 HAc，而 CaC_2O_4 不溶于乙酸。

(3) Mg^{2+} 的检验

在第三组试管中各滴加 2 滴 2.0mol/L NaOH，使溶液呈碱性，再各加 1 滴镁试剂，观察有无天蓝色沉淀生成。镁试剂是对硝基偶氮间苯二酚，它在酸性溶液中呈黄色，在碱性溶液中呈红色或紫色，当被 $Mg(OH)_2$ 吸附后则呈天蓝色。

实验七　滴定分析基本操作练习

一、实验目的

1. 知识目标

了解酸式滴定管（酸管）和碱式滴定管（碱管）的结构；掌握酸碱滴定中酸碱指示剂的选择方法。

2. 技能目标

掌握滴定终点的判断方法；掌握酸式和碱式滴定管的基本操作。

二、预习思考

1. 若酸式滴定管的旋塞转动不灵活，应如何处理？
2. 为什么要排除酸管和碱管尖嘴内的气泡？如何排除？
3. 读取滴定管的读数时，应注意哪些问题？
4. 滴定终点与化学计量点有什么不同？如何确定滴定终点？
5. 用 NaOH 溶液滴定 HCl 溶液时，以酚酞为指示剂，为什么微红色保持 30s 不消失即为滴定终点？

三、实验原理和技能

1. 实验原理

$$NaOH + HCl \Longrightarrow NaCl + H_2O$$

化学计量点的 pH＝7，盐酸滴定氢氧化钠，可选择甲基红或甲基橙为指示剂，氢氧化钠滴定盐酸可选择酚酞作指示剂。

2. 实验技能（见第二篇 3.7 节滴定分析基本操作）

(1) 滴定管的检查；
(2) 滴定管的洗涤；
(3) 滴定管的润洗、装液和排气泡；
(4) 滴定管的读数和滴定操作；
(5) 滴定终点的判断。

四、主要仪器及试剂

1. 仪器

酸式滴定管、碱式滴定管、移液管。

2. 试剂

0.1mol/L NaOH 溶液、0.1mol/L HCl 溶液、甲基橙指示剂和酚酞指示剂。

五、实验内容

1. 酸（碱）式滴定管的滴定操作练习

(1) 将酸（碱）式滴定管加满自来水；

（2）排气泡；

（3）调节液面，读初始体积读数；

（4）滴定，要求控制滴定速度不能超过 3 滴/s，并反复关闭打开，滴定至溶液液面降至 40~50mL；

（5）取下滴定管读终点体积读数。

2. 0.1mol/L HCl 溶液滴定 0.1mol/L NaOH 溶液

用 25mL 的移液管准确移取 25.00mL 的 0.1mol/L NaOH 溶液于 250mL 的锥形瓶中，滴加 1~2 滴甲基橙指示剂，用 0.1mol/L HCl 溶液滴定至溶液刚好由亮黄色变为橙色，即为滴定终点。平行测定 3 次，计算所消耗 HCl 溶液与 NaOH 溶液的体积比，保留 4 位有效数字。

3. 0.1mol/L NaOH 溶液滴定 0.1mol/L HCl 溶液

用 25mL 的移液管准确移取 25.00mL 0.1mol/L HCl 溶液于 250mL 的锥形瓶中，滴加 1~2 滴酚酞指示剂，用 0.1mol/L NaOH 溶液滴定至溶液由无色变为微红色，且 30s 红色不消失即为滴定终点。平行测定 3 次，计算所消耗 NaOH 溶液与 HCl 溶液的体积比，保留 4 位有效数字。

实验八　容量器皿的校准

一、实验目的

1. 知识目标

了解容量器皿校准的意义，掌握容量器皿的校准方法。

2. 技能目标

掌握容量器皿滴定管、容量瓶和移液管的使用方法，进一步熟悉电子天平的称量操作，了解相对误差的概念。

二、预习思考

1. 校正滴定管时，为什么锥形瓶和水的质量只准确到小数点后第三位？
2. 为什么滴定分析要用同一支滴定管或移液管？
3. 锥形瓶磨口部位是否可以沾到水？
4. 分段校准滴定管时，为什么每次都要从 0.00mL 开始？

三、实验原理和技能

1. 容量器皿的校准原理

容量仪器都具有刻度和标称容量，出厂时都允许有一定的容量误差。若分析测定时要求的准确度较高，则需要对所使用的量器进行校正。校正量器的方法有称量法和相对法。

（1）称量法

称量法是用分析天平称量容量仪器量入或量出的纯水的质量，再根据纯水的密度计算出容量仪器的实际体积。

由于热胀冷缩的原因，在不同的温度下，量器的容积并不相同。因此，规定使用玻璃量器的标准温度为 20℃。各种量器的规格均表示在标准温度 20℃时标出的容量，称为标称容量。

在实际校准工作中，容器中水的质量是在室温下和空气中称量的，因此仍然会存在一定的误差，这主要是因为：①空气的浮力可使称量不够准确；②水的密度随着温度的变化而变化；③玻璃容器的容积随温度的变化而变化。考虑这些因素的影响，可得出20℃容量为1 L的玻璃容器，在不同温度时所盛水的质量，见表3-5。如某支25mL移液管在25℃放出的纯水质量为24.921g；密度为0.99617g/mL，计算该移液管在20℃时的实际容积。

$$V_{20}=\frac{24.921}{0.99617}=25.02(\text{mL})$$

则这支移液管的校正值为25.02mL-25.00mL=+0.02mL。

在实际操作时，其校准次数不应少于两次，且两次校准数据的偏差应不超过该量器容量允许的1/4，并取其平均值作为校准值。

表3-5 在不同温度下1L水的质量

温度/℃	1L水的质量/g	温度/℃	1L水的质量/g	温度/℃	1L水的质量/g
10	998.39	21	997.00	32	994.34
11	998.33	22	996.80	33	994.06
12	998.24	23	996.60	34	993.75
13	998.15	24	996.38	35	993.45
14	998.04	25	996.17	36	993.12
15	997.92	26	995.93	37	992.80
16	997.78	27	995.69	38	992.46
17	997.64	28	995.44	39	996.12
18	997.51	29	995.18	40	991.77
19	997.34	30	994.91		
20	997.18	31	994.64		

（2）相对法

在定量分析时，若只要求两种容器之间有一定的比例关系，而无须知道它们各自的准确体积，这时可用容量相对校准法。经常配套使用的容量仪器，采用相对校准法尤为重要。例如，用25mL移液管移取4次蒸馏水于洁净且干燥的100mL容量瓶中，观察瓶颈处水的弯月面下缘是否刚好与容量瓶的刻度线相切。若不相切，则用胶布在瓶颈上重新做记号为标线，以后此移液管与该容量瓶配套使用时就用校准的标线。容量仪器的详细校准方法，可参考JJG 196—2006《常用玻璃量器检定规程》。

2. 实验技能

（1）温度计的使用（见第二篇3.4节）；

（2）电子天平的称量操作（见第二篇4.1节）。

四、主要仪器及试剂

酸式滴定管、碱式滴定管、容量瓶、移液管、锥形瓶和温度计。

五、实验内容

1. 滴定管的校正

（1）清洗酸式和碱式滴定管各1支。

（2）将已洗净的滴定管盛满蒸馏水，调至0.00刻度后，从滴定管中放出一定体积的蒸馏水于已称重的且外壁干燥的50mL具塞锥形瓶中。每次放出蒸馏水的体积叫表观体积，根据滴定管的大小不同，表观体积的大小可分为1mL、5mL、10mL。用同一电子天平称其质量，准确到小数点后第三位。根据称量数据，算得蒸馏水质量，用此质量除以表中所查的该温度时水的密度，即得实际体积。最后求其校正值。重复校正一次。两次相应区间的水质量相差应小于0.020g，求出其平均值。

2. 容量瓶、移液管的使用及相对校正

取清洁、干燥的 250mL 容量瓶一只，用一支干净的 25mL 移液管准确移取 10 次，放入容量瓶中（操作应强调准确，而不强调迅速）。然后观察液面最低点是否与标线相切，如不相切，应另作标记。经相互校正后，此容量瓶与移液管可配套使用。

移液管和容量瓶也可用称量法校正，校正容量瓶时，称准至 0.01g 即可。

注意：测量实验水温时，需将温度计插入水中 5～10min 后才读数，读数时温度计下端玻璃球部仍应浸在水中。严格来说，必须使用分度值为 0.1℃ 的温度计。

实验九　分光光度法中系列标准溶液的配制及工作曲线的绘制

一、实验目的

1. 知识目标

了解分光光度计的基本原理、结构和各个功能键的作用。

2. 技能目标

掌握标准溶液的配制方法；掌握酸度计的使用方法；掌握工作曲线的绘制方法。

二、预习思考

1. 用吸量管加溶液时，为什么要避免使用其尖嘴部分体积？
2. 使用比色皿时应注意哪些问题？
3. 数据处理的方法有哪几种？

三、实验原理和技能

1. 基本原理

邻二氮菲（又称邻菲啰啉）法是比色法测定微量铁常用的方法。在 pH＝2～9 的溶液中，显色剂邻二氮菲与 Fe^{2+} 生成稳定的橙红色配合物，该橙红色配合物的最大吸收波长 λ_{max} 为 508nm，摩尔吸光系数 ε 为 1.1×10^4 L/(mol·cm)，反应的灵敏度高，稳定性好。

如果铁以 Fe^{3+} 形式存在，则测定时应预先加入还原剂盐酸羟胺将 Fe^{3+} 还原为 Fe^{2+}，即：

$$4Fe^{3+} + 2NH_2OH = 4Fe^{2+} + N_2O + 4H^+ + H_2O$$

2. 标准系列的配制方法

按与试样测定相同的实验方法配制的一系列浓度由低到高的标准溶液称为标准系列。标准系列常在编有号码的比色管或容量瓶中配制。如果用比色管，一般 6 个为一组。标准系列的配制是工作曲线线性好坏的关键步骤。配制标准系列时，一般用吸量管滴加试剂，因此正确使用吸量管至关重要。吸量管是移液管的一种，其使用方法与移液管的使用方法基本相同，不同的是移取溶液时应尽量使用吸量管的上部，而一般不使用下端的尖嘴部分。加试剂时吸量管应专用，避免相互影响。试剂的加入顺序应按实验要求加入，不能颠倒顺序，因为试剂的加入顺序往往影响显色反应进行的程度和显色配合物的稳定性。定容后应先摇匀，再测定显色体系的吸光度。

3. 工作曲线法

在仪器分析中，经常用工作曲线法测定被测组分的含量，工作曲线的好坏直接影响着测量结果的准确度,因此,正确绘制工作曲线是保证测量结果准确的重要步骤之一。

以可见分光光度法为例,工作曲线法是首先按与试样测定相同的实验方法配制一系列浓度由低到高的标准溶液,然后测定系列标准溶液的吸光度后,以吸光度为纵坐标,溶液的浓度为横坐标,作出吸光度-浓度关系曲线,即得工作曲线或者回归方程。若同时测出试样的吸光度,就可从工作曲线或回归方程计算出样品的浓度。

横坐标既可以为比色管内溶液的物质的量浓度,也可以为比色管内量取标准溶液的体积或比色管内量取标准溶液中标准物质的质量。若横坐标为比色管内溶液的物质的量浓度,则由样品溶液的吸光度在工作曲线上查出的对应于横坐标的数值为被测组分在比色管内的物质的量浓度;若横坐标为比色管内量取标准浴液的体积,则由样品溶液的吸光度在工作曲线上的位置,可查出对应于横坐标的数值,也可以由回归方程进行计算。

4. Excel 处理数据方法

见第一篇 2.3 节。

5. 分光光度计的使用方法

见第二篇 4.4 节。

四、主要仪器及试剂

1. 仪器

722 型光栅分光光度计或 721 型分光光度计、计算机、打印机。

2. 试剂

10μg/mL 铁标准溶液、10％盐酸羟胺、1mol/L NaAc 溶液、0.15％邻二氮菲溶液。

五、实验内容

1. 标准系列的配制

取 50mL 容量瓶 6 只,分别准确加入 10μg/mL 铁标准溶液 0.00mL、2.00mL、4.00mL、6.00mL、8.00mL、10.00mL,用移液管于各容量瓶中分别准确加入 10％盐酸羟胺 1.00mL,摇匀,再各加入 1mol/L NaAc 溶液 5.00mL 及 0.15％邻二氮菲溶液 2.00mL。用水稀释至刻度,摇匀,备用。

2. 标准溶液吸光度的测定

在最大吸收波长处,以不含铁的试剂空白溶液作参比溶液,测定标准系列溶液的吸光度。

3. 工作曲线的绘制

以吸光度为纵坐标,标准系列溶液的浓度（μg/50mL 或标准溶液的体积）为横坐标,用 Excel 软件绘制工作曲线,并计算回归方程和相关系数。

4. 光吸收曲线的测定

用 1cm 比色皿,以试剂空白为参比,在波长 400～700m,每间隔 1nm 对加有 4.00mL 铁标准溶液的显色液进行吸光度扫描,即得光吸收曲线。

若取 5.00mL 分析试液,按上述方法测定某溶液的吸光度 A,则可在工作曲线上查出所对应的铁含量。

第四篇

基本原理实验

实验十 胶体的性质和制备

一、实验目的

1. 知识目标

掌握溶胶的性质和制备方法;学习溶胶的保护和聚沉方法。

2. 技能目标

掌握试管、烧杯的加热,溶胶的制备、实验现象的观察等基本操作。

二、预习思考

1. 把三氯化铁溶液加到冷水中,能否得到 $Fe(OH)_3$ 溶胶?为什么?加热时间能否过长?为什么?

2. 使溶胶稳定的因素有哪些?破坏溶胶稳定性的方法有哪些?不同电解质对溶胶的聚沉作用有何不同?

3. 在生成沉淀的试管中,为了更好地离心分离沉淀,往往需要加热,这是为什么?

三、实验原理和技能

1. 实验原理

胶体又称胶状分散体,是高度分散的多相体系,在胶体中含有两种不同状态的物质,一种是分散相,称为分散质,另一种是连续相,称为分散剂。分散质是由微小的粒子或液滴所组成,分散质粒子直径在 1~100nm 之间的分散系是胶体。按照分散剂状态不同分为:气溶胶(以气体作为分散剂的分散体系,如烟、雾等)、液溶胶[以液体作为分散剂的分散体系,如 $Fe(OH)_3$ 胶体]和固溶胶(以固体作为分散剂的分散体系)。

控制适当的条件可以制得稳定的胶体溶液(溶胶)。常规制备溶胶的方法有两种:一是分散法,即将粗大物料研细然后制备成溶胶;二是凝聚法,将分子或离子通过化学反应或改换介质等方法聚集成胶体粒子来制取溶胶。例如,加热使 $FeCl_3$ 溶液水解和往稀 H_3AsO_3 溶液中通入 H_2S 气体(或加入 H_2S 水溶液),生成的难溶 $Fe(OH)_3$、As_2S_3 在聚结过程中分别吸附了 FeO^+、HS^-(作为电位离子),便成为具有胶粒大小的带电粒子,形成了比较稳定的溶胶。

溶胶具有三大特性:丁达尔效应、布朗运动和电泳,其中常用丁达尔效应来区别于真溶液,用电泳来验证胶粒所带的电性。

胶团的扩散双电层结构及溶剂化膜是溶胶暂时稳定的原因。若在溶胶中加入电解质、加热或加入带异电荷的溶胶,都会破坏胶团的双电层结构及溶剂化膜,导致溶胶的聚沉。电解质使溶胶聚沉的能力通常用聚沉值来表示，主要取决于与胶粒所带电荷相反的离子电荷数，电荷数越大，聚沉能力越强。

在溶胶中加入高分子溶液（如白明胶），可以大大增强胶体的稳定性，这种作用称为高分子溶液对溶胶的保护作用。这是由于高分子化合物被吸附在胶粒表面，降低了溶胶对电解质的敏感性，另一方面由于高分子化合物的强烈溶剂化作用使其在胶粒表面形成水化保护膜，提高了溶胶的稳定性。

2. 实验技能

掌握溶胶的制备方法；观察丁达尔效应和电泳的方法。

四、主要仪器及试剂

1. 仪器

试管、试管架、烧杯、量筒、酒精灯、玻璃棒、光源、塞子。

2. 试剂

硫的酒精饱和溶液、10% $FeCl_3$ 溶液、0.001mol/L $AgNO_3$ 溶液、0.001mol/L KI 溶液、4mol/L KCl 溶液、0.005mol/L K_2SO_4、0.1mol/L KNO_3 溶液、0.005mol/L $K_3[Fe(CN)_6]$ 溶液、白明胶。

五、实验内容

1. 溶胶的制备

按下述各方法制备溶胶，保留所得溶胶，供下步实验使用。

(1) 改变溶剂法制备硫溶胶

取一支试管加入 3mL 蒸馏水，滴加约 3~4 滴硫的酒精饱和溶液，边加边摇动试管，观察所得硫溶胶的颜色，并加以解释。

(2) 利用水解反应制备 $Fe(OH)_3$ 溶胶

取 50mL 蒸馏水置于 100mL 烧杯中，加热至沸。然后逐滴加入 4mL 10% $FeCl_3$ 溶液，并不断搅拌。加完后，继续煮沸 1~2min，观察颜色有何变化，并写出 $Fe(OH)_3$ 溶胶的胶团结构。

(3) 制备 AgI 溶胶

取 5mL 0.001mol/L KI 溶液置于 100mL 的烧杯中，边搅拌边缓慢逐滴加入 4mL 0.001mol/L $AgNO_3$ 溶液。取 4mL 0.001mol/L KI 溶液置于另一只烧杯中，边搅拌边缓慢逐滴加入 5mL 0.001mol/L $AgNO_3$ 溶液。由此可得两种不同电荷的 AgI 溶胶。写出两种溶胶的胶团结构。

2. 溶胶的性质

(1) 溶胶的光学性质——丁达尔效应

取溶胶的制备实验中制得的 $Fe(OH)_3$ 溶胶，装入试管中，用一光源垂直试管照射溶胶，在与光线垂直的方向观察丁达尔效应，如图 4-1 所示。能观察到什么现象？加以解释。

(2) 溶胶的电学性质——电泳（演示）

如图 4-2 所示，取一个 U 形电泳仪，将 6~7mL 蒸馏水由中间漏斗注入 U 形管内，滴加 4 滴 0.1mol/L KNO_3 溶液，然后缓慢注入 $Fe(OH)_3$ 溶胶，保持溶胶的液面相齐，在 U 形管的两端，分别插入电极，接通电源，电压调至 30~40V。20min 后，观察实验现象并加以解释。写出 $Fe(OH)_3$ 溶胶的胶团结构。

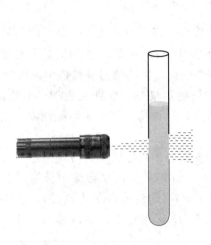
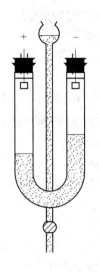

图 4-1 丁达尔效应　　　　　图 4-2 简单的电泳装置

3. 溶胶的聚沉及其保护

(1) 电解质对溶胶的聚沉作用

取三支试管中各加入 2mL $Fe(OH)_3$ 溶胶，然后分别滴入 4mol/L KCl、0.005mol/L K_2SO_4 和 0.005mol/L $K_3[Fe(CN)_6]$，不摇动直至溶胶出现浑浊，记下所需三种电解质溶液的滴数，比较它们的聚沉能力。

(2) 加热对溶胶的聚沉作用

取一支试管加入 2mL $Fe(OH)_3$ 溶胶，加热至沸，观察颜色有何变化，静置冷却，观察有何现象，并加以解释。

(3) 高分子溶液对溶胶的保护作用（白明胶的保护作用）

取两支试管，各加入 5mL $Fe(OH)_3$ 溶胶，然后分别加入 3 滴白明胶、3 滴蒸馏水，并小心摇动试管，2min 后，分别滴加 0.005mol/L K_2SO_4 溶液，不摇动直至溶胶出现浑浊，记录各试管中所需 K_2SO_4 溶液的滴数，并加以解释。

实验十一　五水硫酸铜的制备及提纯

一、实验目的

1. 知识目标

了解金属与酸作用制备盐的方法；盐的溶解度和温度的关系。

2. 技能目标

了解加热、浓缩、常压过滤以及重结晶等基本操作。

二、预习思考

1. 什么叫重结晶？NaCl 可以用重结晶法进行提纯吗？为什么？

2. 除 Fe^{3+} 时，为什么要调节 pH≈4？pH 值太大或太小会有什么影响？

3. 本实验用了 3g 铜片来制备 $CuSO_4 \cdot 5H_2O$ 晶体，理论上需要多少 3mol/L H_2SO_4？实际用量为什么比理论量多？

三、实验原理和技能

1. 实验原理

$CuSO_4 \cdot 5H_2O$ 俗称蓝矾、胆矾或孔雀石,是蓝色透明的三斜晶体。在空气中会缓慢风化。易溶于水,难溶于无水乙醇。加热时失水,当加热至258℃时失去全部结晶水而成为白色无水 $CuSO_4$。无水 $CuSO_4$ 易吸水变蓝,利用此特性来检验某些液态有机物中的微量水。

$CuSO_4 \cdot 5H_2O$ 用途广泛,如用于棉及丝织品印染的媒染剂、农业杀虫剂、水杀菌剂、木材防腐剂、铜的电镀等。同时还大量用于有色金属选矿(浮选)工业、船舶油漆工业及其他化工原料的制造。

$CuSO_4 \cdot 5H_2O$ 有多种制备方法,如电解液法、废铜法、氧化铜法、白冰铜法、二氧化碳法。纯铜属于不活泼金属,不能溶于非氧化性酸中,但其氧化物在稀酸中极易溶解。因此,工业上制备 $CuSO_4 \cdot 5H_2O$ 时,先把 Cu 转化成 CuO(灼烧或加氧化性酸),然后与适当浓度的 H_2SO_4 作用生成 $CuSO_4$。本实验采用浓 HNO_3 作氧化剂,将铜片与浓 H_2SO_4、浓 HNO_3 作用来制备 $CuSO_4$。反应式为:

$$Cu + 2HNO_3 + H_2SO_4 = CuSO_4 + 2NO_2 \uparrow + 2H_2O$$

除生成 $CuSO_4$ 外,溶液中还含有一定量的 $Cu(NO_3)_2$ 和其他一些可溶性或不溶性杂质。不溶性杂质可过滤除去。可溶性杂质利用 $CuSO_4$ 和 $Cu(NO_3)_2$ 在水中的溶解度不同,可将 $CuSO_4$ 分离提纯。

由表4-1中可知,$Cu(NO_3)_2$ 在 H_2O 中的溶解度无论是在高温还是低温都比 $CuSO_4$ 大得多。因此,当热溶液冷却至一定温度时,$CuSO_4$ 首先达到过饱和而开始析出,随着温度继续下降,$CuSO_4$ 不断析出,大部分 $Cu(NO_3)_2$ 仍留在溶液中,小部分随 $CuSO_4$ 析出。析出的 $Cu(NO_3)_2$ 和其他可溶性杂质经重结晶的方法可除去,最后制得纯 $CuSO_4 \cdot 5H_2O$。

表4-1 $CuSO_4$ 和 $Cu(NO_3)_2$ 在水中的溶解度　　　　单位:$g/100g\ H_2O$

物质	0℃	20℃	40℃	60℃	80℃
$CuSO_4 \cdot 5H_2O$	23.3	32.3	46.2	61.1	83.8
$Cu(NO_3)_2 \cdot 6H_2O$	81.8	125.1	—	—	—
$Cu(NO_3)_2 \cdot 3H_2O$	—	—	约160	约178.5	约208

2. 实验技能

掌握加热、浓缩、常压过滤以及重结晶等基本操作。

四、主要仪器及试剂

1. 仪器

台秤、蒸发皿、表面皿、烧杯(250mL,100mL)、漏斗、漏斗架、量筒(100mL,10mL)。

2. 试剂

铜片(剪碎)、1mol/L KSCN、3% H_2O_2、HNO_3(1mol/L,浓)、H_2SO_4(1mol/L,3mol/L)、2mol/L HCl、$NH_3 \cdot H_2O$(2mol/L,6mol/L)。

五、实验内容

1. 铜片的净化

称取3g剪碎的铜片置于蒸发皿中,加入7mL 1mol/L HNO_3,小火加热,以除去铜片表面的污物(勿加热过久,以免铜片溶解在稀 HNO_3 中影响产率)。用倾析法除去溶液,去离子水洗净铜片。

2. $CuSO_4 \cdot 5H_2O$ 的制备

在通风橱中,将 12mL 3mol/L H_2SO_4 溶液加入盛有铜片的蒸发皿中,然后缓慢分批加入 5.5mL 浓 HNO_3。反应缓和后,在蒸发皿上加盖表面皿,放在小火或水浴上加热。加热过程中,需补加 6mL 3mol/L H_2SO_4 和 1.5mL 浓 HNO_3 组成的混酸(根据反应情况不同而决定补加混酸的量)。反应完全后(铜片近于全部溶解),趁热用倾析法将溶液转至小烧杯中,留下不溶性杂质。再将生成的 $CuSO_4$ 溶液转回洗净的蒸发皿中,在水浴上缓慢加热,浓缩至表面有晶膜出现,取下蒸发皿,使溶液逐渐冷却析出结晶,减压抽滤得到 $CuSO_4 \cdot 5H_2O$ 粗品。称重,计算产率(以湿品计算,应不少于85%)。

3. 重结晶法提纯

将制得的粗 $CuSO_4 \cdot 5H_2O$ 晶体在台秤上称取 1g 留作分析样,其余放入小烧杯中,按 $CuSO_4 \cdot 5H_2O : H_2O = 1 : 3$(质量比)的比例加入去离子水,加热溶解。不断搅拌下滴加 2mL 3% H_2O_2,继续加热,同时滴加 2mol/L $NH_3 \cdot H_2O$(或 0.5mol/L NaOH)直至溶液 pH≈4(用玻璃棒蘸取溶液在 pH 试纸上检验 pH 值),再多加 1~2 滴,继续加热片刻,静置,使生成的 $Fe(OH)_3$ 及不溶物沉降。过滤,滤液流入洁净的蒸发皿中,滴加 1mol/L H_2SO_4 溶液,使其 pH=1~2,然后在石棉网上加热、蒸发、浓缩至液面出现晶膜时,停止加热。以冷水冷却,抽滤(尽量抽干),取出结晶,置于两层滤纸中间挤压,以吸干水分,称重,计算产率。

注:① 如果用废 Cu 屑为原料,应先放在蒸发皿中以强火灼烧,至表面生成黑色的 CuO 为止,自然冷却,再作制备 $CuSO_4 \cdot 5H_2O$ 的原料。

② 若溶液倒入太多,滤纸会被蓝色溶液全部或大部浸润,以致用 $NH_3 \cdot H_2O$ 过多或洗不彻底。因此,用 HCl 溶解 $Fe(OH)_3$ 沉淀时,$[Cu(NH_3)_4]^{2+}$ 便会一起流入试管中,遇大量 SCN^- 生成黑色 $Cu(SCN)_2$ 沉淀,影响检验结果。

实验十二 硫代硫酸钠的制备

一、实验目的

1. 知识目标

熟悉硫代硫酸钠的性质;掌握硫代硫酸钠的制备方法及其定性鉴定方法。

2. 技能目标

熟悉蒸发浓缩、减压过滤、结晶等无机基本操作。

二、预习思考

1. 根据制备反应原理,实验中哪种反应物应过量?可以倒过来吗?
2. 制备过程中为什么加入酒精?
3. 在蒸发浓缩的过程中,溶液可以蒸干吗?
4. 减压过滤需要注意哪些问题?为什么过滤后的晶体要用酒精洗涤?

三、实验原理和技能

1. 实验原理

硫代硫酸钠的五水合物($Na_2S_2O_3 \cdot 5H_2O$),俗称海波,又名大苏打,是一种无色透明单斜晶体。在干燥空气中易风化,在潮湿空气中易潮解,100℃以上则失去结晶水。硫代硫酸钠易溶于水、氨水和松节油等溶剂，不溶于乙醇，可用于照相业作定影剂、鞣革时重铬酸盐的还原剂、含氮尾气的中和剂、媒染剂、麦秆和毛的漂白剂以及纸浆漂白时的脱氯剂，还用于四乙基铅、染料中间体等的制造和矿石提银等以及作为分析试剂。

硫代硫酸钠的重要性质之一是具有还原性，是常用的还原剂。如遇中等强度的氧化剂（I_2、Fe^{3+}）时，硫代硫酸钠被氧化成连四硫酸钠：

$$2Na_2S_2O_3 + I_2 \longrightarrow Na_2S_4O_6 + 2NaI$$

这一反应是定量分析中碘量法的基础。

如遇强氧化剂如 $KMnO_4$、Cl_2 时，可被氧化成硫酸盐：

$$8KMnO_4 + 5Na_2S_2O_3 + 7H_2SO_4 \longrightarrow 8MnSO_4 + 5Na_2SO_4 + 4K_2SO_4 + 7H_2O$$

$$4Cl_2 + Na_2S_2O_3 + 5H_2O \longrightarrow Na_2SO_4 + H_2SO_4 + 8HCl$$

后一反应可用于纺织漂染及自来水中脱氯。

硫代硫酸钠另一重要性质是配位性。例如银盐与过量硫代硫酸钠反应，能生成可溶性的二硫代硫酸根合银（I）酸钠而使难溶的 AgBr 溶解：

$$AgBr + 2Na_2S_2O_3 \longrightarrow Na_3[Ag(S_2O_3)_2] + NaBr$$

基于这一性质，硫代硫酸钠常用于感光胶片拍摄后的定影剂。

硫代硫酸钠可看作硫代硫酸的盐，硫代硫酸（$H_2S_2O_3$）极不稳定，所以硫代硫酸盐遇酸即分解：

$$Na_2S_2O_3 + 2HCl \longrightarrow S\downarrow + SO_2\uparrow + 2NaCl + H_2O$$

分解反应既有 SO_2 气体逸出，又有乳白色或乳黄色的硫析出而使溶液浑浊，这是硫代硫酸盐和亚硫酸盐的区别。

工业上或实验室的制备方法较多，有亚硫酸钠法、硫化碱法等。

① 亚硫酸钠法　是工业和实验室中的常用方法。可用硫黄和亚硫酸钠溶液共煮而发生化合反应，经过滤、蒸发、浓缩结晶，即可制得 $Na_2S_2O_3 \cdot 5H_2O$ 晶体。硫代硫酸钠溶液在浓缩时能形成过饱和溶液，此时加入几粒晶体（称为晶种），就可有晶体析出，制得硫代硫酸钠成品。反应方程式：

$$Na_2SO_3 + S + 5H_2O \longrightarrow Na_2S_2O_3 \cdot 5H_2O$$

② 硫化钠法　利用硫化钠溶液加硫，通空气氧化，或者利用硫化钠溶液吸收二氧化硫气体，然后加适量硫黄反应，制得硫代硫酸钠成品。

③ 脱水法　五水硫代硫酸钠结晶用蒸汽间接加热，使其溶于本身的结晶水中，经浓缩、离心脱水、干燥、筛选，制得无水硫代硫酸钠成品。

④ 综合法　主要成分为硫化钠、亚硫酸钠、硫黄和少量氢氧化钠。料液经真空蒸发、活性炭脱色、压滤、冷却、结晶、离心脱水筛分后即为成品。

本实验采用亚硫酸钠法制备硫代硫酸钠，学习其制备方法及定性鉴定方法。反应过程中常加入乙醇增加亚硫酸钠与硫黄的接触机会（硫在乙醇中的溶解度较大），以提高反应速率。

2. 实验技能

掌握硫代硫酸钠的蒸发、浓缩、结晶、减压过滤等基本操作。

四、主要仪器及试剂

1. 仪器

台秤、蒸发皿、表面皿、烧杯（100mL，50mL）、布氏漏斗、漏斗架、量筒（100mL，10mL）、真空泵等。

2. 试剂

固体 Na_2SO_3、硫黄粉、95%酒精、滤纸。

五、实验内容

(1) 称取 12.6g Na_2SO_3 置于 100mL 烧杯中,加 75mL 去离子水,用表面皿作盖,加热、搅拌溶解,继续加热至近沸。

(2) 称取 4g 硫黄粉于小烧杯中,加入 8mL 酒精充分搅拌,在搅拌下分次加入近沸的亚硫酸钠的溶液中,小火加热煮沸,保持 1~1.5h。注意:在沸腾过程中,要不断搅拌,并将烧杯壁上黏附的硫用少量水冲淋下去,同时补偿水分的蒸发损失。

(3) 反应完毕,趁热用布氏漏斗减压过滤,弃去未反应的硫黄粉。

(4) 滤液转入蒸发皿中,并放在石棉网上加热蒸发、浓缩至≥20mL,搅拌,冷却至室温。如无结晶析出,加几粒硫代硫酸钠晶体,搅拌,即有大量晶体析出,静置 20min。

(5) 用布氏漏斗减压过滤,晶体用酒精洗涤,并用玻璃瓶盖面轻压晶体,尽量抽干,称重,计算产率。

六、产品性质检验

称取 0.3g 产品,溶于 10mL 去离子水而成试液,做以下性质实验,观察并记录实验现象。

(1) 检验试液的酸碱性。

(2) 试液与 2mol/L 的盐酸反应。

(3) 试液与碘水的反应。

(4) 试液与氯水的反应,并检验有 SO_4^{2-} 生成。

(5) 试液与 $KMnO_4$ 酸性溶液的反应。

(6) $S_2O_3^{2-}$ 的鉴定。

根据以上的实验现象,对产品性质作出结论。

有关物质的溶解度如表 4-2 所示。

表 4-2 有关物质的溶解度

物质	10℃	20℃	30℃	40℃	50℃
$Na_2SO_3 \cdot 7H_2O$	20	26.9	36		
Na_2SO_3				28	28.2
$Na_2S_2O_3$	61.0	70.0	84.7	102.6	169.7

实验十三 酸碱平衡

一、实验目的

1. 知识目标

熟悉强弱电解质的区别;学习同离子效应和盐类水解及抑制水解的主要因素;掌握缓冲溶液的配制方法,并检验其缓冲作用。

2. 技能目标

熟悉试剂的取用、pH 试纸的使用、试管的加热等方法。

二、预习思考

1. 同浓度的强酸与弱酸，其 pH 是否相同？说明其原因。
2. 同离子效应使弱电解质的解离度增加还是减小？
3. 如何抑制或促进盐类的水解？举例说明。
4. 缓冲溶液有什么作用？其组成如何？
5. 为什么 $NaHCO_3$ 水溶液呈碱性，而 $NaHSO_4$ 水溶液呈酸性？

三、实验原理和技能

1. 实验原理

了解强弱电解质的区别、同离子效应的应用、影响盐类水解的因素和缓冲溶液的作用。

同离子效应：弱酸（碱）在水溶液中存在着解离平衡，加入含有相同离子的易溶强电解质使弱酸（碱）的解离度降低的现象，叫同离子效应。

盐类的水解反应：是指溶液中盐类所含离子与水解离出的 H^+ 或 OH^- 结合成弱电解质的反应。

影响盐类水解的因素有如下。

① 盐的本性 组成盐的酸根对应的酸越弱或组成盐的阳离子对应的碱越弱，水解程度越大。

② 盐的浓度 盐的浓度越小，水解度越大。

③ 温度 水解反应为吸热反应，所以升高温度，水解度增大。

④ 溶液的酸碱度 加酸（碱）可以促进或抑制盐类水解。

缓冲溶液是一种能抵抗外加少量酸、碱和水的稀释而保持体系的 pH 基本不变的溶液。适当比例的弱酸及其共轭碱或弱碱及其共轭酸可以构成缓冲溶液。缓冲溶液 pH 的计算公式为：

$$pH = pK_a - \lg \frac{c_a}{c_b}$$

式中，K_a 为酸的解离常数；c_a 为酸的浓度；c_b 为共轭碱的浓度。

当缓冲溶液的浓度较高，溶液中共轭酸碱对的浓度比接近 1 时，缓冲液的缓冲能力（或称缓冲容量）比较大。

2. 实验技能

掌握试剂的取用、pH 试纸的使用方法、试管的加热方法等。

四、主要仪器及试剂

1. 仪器

烧杯、量筒、试管、酒精灯等。

2. 试剂

盐酸（0.1mol/L，6mol/L）、乙酸（0.1mol/L，0.2mol/L）、锌粒、氨水（0.1mol/L）、氯化铵（固体）、酚酞、甲基橙、乙酸钠（0.2mol/L，1mol/L，固体）、Na_2CO_3（0.5mol/L）、NaCl（0.5mol/L）、$Al_2(SO_4)_3$（0.5mol/L）、$SbCl_3$（固体）、氢氧化钠（0.1mol/L）、广泛 pH 试纸（1～14）、精密 pH 试纸（pH＝3.8～5.4）。

五、实验内容

1. 强弱电解质的比较

用广泛 pH 试纸测定 0.1mol/L HCl 和 0.1mol/L HAc 溶液的 pH 值，再分别与锌粒发生反应，观察比较其剧烈程度。

2. 同离子效应

(1) 取两支试管，各加入 2mL 0.1mol/L $NH_3·H_2O$ 及 1 滴酚酞溶液，摇匀，观察溶液的颜色。然后在一支试管中加入少量 NH_4Cl 固体，摇匀后与另一支试管比较，溶液颜色有何变化？解释原因。

(2) 用 0.1mol/L HAc、甲基橙指示剂和少量 NaAc 固体进行同样的上述实验，溶液颜色有何变化？解释原因。

3. 盐类水解和影响盐类水解的因素

(1) 取三支小试管，分别加入 1mL 浓度均为 0.5mol/L 的 Na_2CO_3、NaCl 及 $Al_2(SO_4)_3$ 溶液，用 pH 试纸测定其 pH 值。解释原因，并写出有关反应方程式。

(2) 在试管中加入 2mL 1mol/L NaAc 溶液和 1 滴酚酞溶液后，再加热至沸，观察实验现象。

(3) 取少量 $SbCl_3$ 固体加入到盛有 1mL 蒸馏水的小试管中，观察现象，并用 pH 试纸测定其 pH 值。然后向试管中滴加 6mol/L HCl，沉淀是否溶解？最后将所得溶液稀释，又有何变化？解释上述现象，写出有关反应方程式。

4. 缓冲溶液

(1) 取两支试管各加入 5mL 蒸馏水，用广泛 pH 试纸测定其 pH。然后分别加入 2 滴 0.1mol/L HCl 和 2 滴 0.1mol/L NaOH 溶液，摇匀后再用广泛 pH 试纸测定它们的 pH 值。观察其 pH 值的变化。

(2) 取一支试管加入 5mL 0.2mol/L HAc 和 5mL 0.2mol/L NaAc 溶液，充分摇匀后，用精密 pH 试纸测其 pH 值。然后将上述溶液分为三份，分别加入 2 滴 0.1mol/L HCl、2 滴 0.1mol/L NaOH 和 2 滴蒸馏水，再用精密 pH 试纸测定它们的 pH 值。比较实验结果，可得出什么结论？

(3) 欲配制 pH＝4.1 的缓冲溶液 10mL，实验室现有 0.2mol/L HAc 和 0.2mol/L NaAc 溶液，则应如何配制该缓冲溶液？配制好后，用 pH 试纸测定其 pH 值，检验是否符合要求。

实验十四　沉淀溶解平衡

一、实验目的

1. 知识目标

掌握沉淀溶解平衡、同离子效应和溶度积规则的运用；掌握分步沉淀和沉淀转化的条件。

2. 技能目标

掌握试剂的取用、实验现象的观察、离心分离操作和离心机的使用等方法。

二、预习思考

1. 生成沉淀的条件是什么？
2. 哪些因素影响沉淀溶解平衡？
3. 同离子效应对沉淀的溶解度有何影响？
4. 离心机有什么作用？使用离心机时应注意什么问题？

5. 沉淀溶解的方法有哪些?
6. 沉淀转化的条件是什么?

三、实验原理和技能

1. 实验原理

沉淀溶解平衡：对任一难溶强电解质 A_mB_n，在一定温度下，在水溶液中达到沉淀溶解平衡时，其平衡方程式表示为：

$$A_mB_n \rightleftharpoons mA^{n+} + nB^{m-}$$

该难溶强电解质的溶度积常数，简称为溶度积，可表示为：

$$K_{sp} = c^m(A^{n+})c^n(B^{m-})$$

任意状态时，沉淀溶解平衡的反应商 Q 称为该反应的离子积：$Q_i = c^m(A^{n+})c^n(B^{m-})$。

同离子效应：在难溶强电解质溶液中加入与该电解质有共同离子的其他试剂或溶液，沉淀溶解度减小的现象。

溶度积规则：沉淀的生成和溶解可以根据溶度积规则来判断。

(1) 当 $Q_i < K_{sp}$ 时，为不饱和溶液，无沉淀析出；若溶液中存在难溶强电解质固体，则固体会溶解。

(2) 当 $Q_i = K_{sp}$ 时，为饱和溶液，溶液处于沉淀溶解平衡状态，既无沉淀生成又无沉淀溶解。

(3) 当 $Q_i > K_{sp}$ 时，为过饱和溶液，平衡向析出沉淀的方向移动，可以析出沉淀。

分步沉淀：当向含有一定浓度的混合离子的溶液中逐滴加入沉淀剂时，离子积首先超过溶度积的离子先被沉淀，即首先达到 $Q_i > K_{sp}$ 的离子先被沉淀。分步沉淀作用可用于溶液中离子的分离。若溶液中先被沉淀的离子浓度小于 10^5 mol/L，而另一些离子还没有被沉淀，此时可认为离子被定性分离完全。

沉淀转化：在含有沉淀的溶液中，加入适当试剂，该试剂与某一离子结合为更难溶的物质。由一种难溶电解质转化为另一种更难溶的电解质比较容易，当它们的溶解度相差越大，转化就越完全；反之，由一种溶解度较小的物质转化为溶解度较大的物质较为困难，它们的溶解度相差越大，则越难转化。这可以从转化反应的平衡常数加以判别。

2. 实验技能

掌握试剂的取用方法、沉淀现象的观察、离心机的使用等。

四、主要仪器及试剂

1. 仪器

量筒、烧杯、试管、离心管、玻璃棒、离心机、酒精灯等。

2. 试剂

硝酸铅（0.1mol/L）、氯化钠（1mol/L）、铬酸钾（0.1mol/L，0.5mol/L）、碘化铅（饱和）、碘化钾（0.1mol/L）、硫化钠（0.1mol/L）、硝酸银（0.1mol/L）、氯化钡（0.1mol/L）、草酸铵（饱和）、盐酸（6mol/L）、氨水（6mol/L）、硝酸（6mol/L）。

五、实验内容

1. 沉淀溶解平衡和同离子效应

(1) 沉淀溶解平衡

取一支离心试管，加入 10 滴 0.1mol/L $Pb(NO_3)_2$ 溶液和 5 滴 1mol/L NaCl 溶液，振荡离心试管，待沉淀完全后，离心分离。在上清液中加入少量的 0.5mol/L K_2CrO_4 溶液，观察实验现象并加以解释。

（2）同离子效应

取一支试管，加入1mL饱和PbI_2溶液和5滴0.1mol/L KI溶液，充分振荡后是否有沉淀生成？并加以解释。

2. 溶度积规则

（1）取一支试管，加入10滴0.1mol/L $Pb(NO_3)_2$溶液和20滴0.1mol/L KI溶液，观察实验现象并加以解释。

（2）另取一支试管，加入10滴0.001mol/L $Pb(NO_3)_2$溶液和20滴0.001mol/L KI溶液，是否有沉淀生成？加以解释。

（3）另取两支试管分别加入0.1mol/L Na_2S溶液和0.1mol/L K_2CrO_4溶液，然后边振荡边滴加0.1mol/L $AgNO_3$溶液，观察实验现象并加以解释。

3. 分步沉淀

取一支离心试管，加入2滴0.1mol/L Na_2S溶液和5滴0.1mol/L K_2CrO_4溶液，再加入5mL去离子水，充分摇匀后逐滴加入3滴0.1mol/L $Pb(NO_3)_2$溶液，观察实验现象。离心分离后沉淀呈什么颜色？向上清液中滴加0.1mol/L $Pb(NO_3)_2$溶液，又有何现象？

4. 沉淀溶解

（1）取一支试管，加入5滴0.1mol/L $BaCl_2$溶液和3滴饱和$(NH_4)_2C_2O_4$溶液，生成的沉淀呈什么颜色？沉淀沉降后，弃去上清液，在沉淀物上滴加6mol/L HCl溶液，又有何现象？

（2）取一支试管，加入10滴0.1mol/L $AgNO_3$溶液和3~4滴1mol/L NaCl溶液，有何现象？再逐滴加入6mol/L $NH_3·H_2O$，又有何现象？对现象加以解释。

（3）取一支试管，加入10滴0.1mol/L $AgNO_3$溶液和3~4滴0.1mol/L Na_2S溶液，有何现象？离心分离，弃去上清液，在沉淀物上滴加6mol/L HNO_3溶液少许，加热，又有何现象？对现象加以解释。

5. 沉淀转化

取一支离心试管，加入5滴0.1mol/L $Pb(NO_3)_2$溶液和3滴1mol/L NaCl溶液，充分振荡，沉淀完全后离心分离。用少量（约0.5mL）去离子水洗涤沉淀一次，然后在沉淀上滴加3滴0.1mol/L KI溶液，观察沉淀颜色的变化。然后按上述操作在新生成的沉淀上滴加5滴0.1mol/L Na_2S溶液，又有何变化？对现象加以解释。

实验十五　氧化还原平衡

一、实验目的

1. 知识目标

掌握电极电势与氧化还原反应的关系；掌握影响电极电势的因素，即能斯特方程；了解氧化剂与还原剂的相对性。

2. 技能目标

掌握溶液的取用、试管的加热、气体酸碱性的检验、实验现象的观察与记录等方法。

二、预习思考

1. 如何判断氧化剂和还原剂的强弱及氧化还原反应进行的方向？

2. 在同样条件下，碘离子和溴离子相比，哪一个还原性强？

3. 为什么双氧水既可以作为氧化剂，又可以作为还原剂？什么情况下可以作为氧化剂，什么情况下可以作为还原剂？

4. 影响电极电势的因素都有哪些？

三、实验原理和技能

1. 实验原理

氧化还原反应与电极电势：氧化还原反应是电子从还原剂转移到氧化剂的过程。物质得失电子能力的大小或者氧化还原能力的强弱，可用其相应电对（表示为氧化态/还原态，如 Zn^{2+}/Zn、I_2/I^-）的电极电势来衡量。一个电对的电极电势（还原电势）代数值越大，其氧化态的氧化能力越强，还原态的还原能力越弱，反之亦然。自发的氧化还原反应是从较强的氧化剂和还原剂向着生成较弱的还原剂和氧化剂的方向进行。所以，通过比较电极电势的大小，可以判断氧化还原反应进行的方向。例如，$\varphi^{\ominus}(I_2/I^-)=+0.535V$，$\varphi^{\ominus}(Fe^{3+}/Fe^{2+})=+0.771V$，$\varphi^{\ominus}(Br_2/Br^-)=+1.08V$，所以下列两个反应中，反应（1）向右进行，反应（2）则向左进行，也就是说，Fe^{3+} 可以氧化 I^- 而不能氧化 Br^-。反过来，Br_2 可以氧化 Fe^{2+}，而 I_2 不能。即氧化性 $Br_2 > Fe^{3+} > I_2$，还原性 $I^- > Fe^{2+} > Br^-$。

$$2Fe^{3+} + 2I^- \Longrightarrow I_2 + 2Fe^{2+} \tag{1}$$

$$2Fe^{3+} + 2Br^- \Longrightarrow Br_2 + 2Fe^{2+} \tag{2}$$

任意状态下，对任一电对的电极电势可以用能斯特方程来表示：

$$\varphi = \varphi^{\ominus} + \frac{RT}{nF}\ln\frac{c(\text{Ox})}{c(\text{Red})}$$

式中，$\varphi^{\ominus}$ 为该电对的标准电极电势；$c(\text{Ox})$ 和 $c(\text{Red})$ 分别为该电极反应中参与该氧化反应和还原反应所有物种浓度以计量系数为指数幂的乘积。由能斯特方程可知，氧化态、还原态浓度对电极电势有影响，若有 H^+ 或 OH^- 参加电极反应，介质的酸碱性对电极电势也有影响。

氧化还原性的相对性：中间价态化合物既能得到电子被还原，也能失去电子被氧化，其氧化还原性有相对性。如 H_2O_2 能作为氧化剂得到电子被还原为 H_2O，也能作为还原剂失去电子被氧化为 O_2。

2. 实验技能

掌握溶液的取用方法、试管的加热、气体酸碱性的检验、实验现象的观察与记录等。

四、主要仪器及试剂

1. 仪器

试管、烧杯、量筒、试管夹、酒精灯等。

2. 试剂

三氯化铁（0.1mol/L）、碘化钾（0.1mol/L，0.5mol/L）、溴化钾（0.1mol/L）、硫酸亚铁（0.1mol/L）、溴水（0.1mol/L）、碘水（0.1mol/L）、锌粒、硝酸（浓，6mol/L）、硫酸（浓，3mol/L）、铜片、蓝色石蕊试纸、亚硫酸钠（固）、氢氧化钠（6mol/L）、高锰酸钾（0.1mol/L）、双氧水（3%）、溴酸钾（饱和）、铬酸钾（0.2mol/L）。

五、实验内容

1. 电极电势与氧化还原反应的关系

（1）取一支试管加入 3~4 滴 0.1mol/L $FeCl_3$ 溶液和 3~4 滴 0.1mol/L KI 溶液，摇匀，

观察实验现象并加以解释。用 0.1mol/L KBr 代替 KI 进行上述实验，又有何现象？并解释原因。

（2）另取一支试管加入 3～4 滴 0.1mol/L $FeSO_4$ 和 1～2 滴 0.1mol/L 溴水，观察实验现象，并加以解释。用 0.1mol/L 碘水代替溴水与 $FeSO_4$ 反应，又有何现象？并解释原因。

2. 浓度对氧化还原反应的影响

（1）取两支试管，各加入一粒锌粒，然后分别加入 3mL 浓 HNO_3 和 3mL 2mol/L HNO_3（可用 1mL 6mol/L HNO_3 加 2mL 蒸馏水稀释得到）。有何不同现象？并加以解释。

（2）另取两支试管，分别加入 3mL 3mol/L H_2SO_4 和 3mL 浓 H_2SO_4，然后各加入 1 片去掉表面氧化膜的铜片，稍加热，有何不同现象？在盛有浓 H_2SO_4 的试管口，用润湿的蓝色石蕊试纸检验，试纸的颜色如何变化？

3. 介质的酸碱性对氧化还原反应的影响

取三支试管，加入少许固体 Na_2SO_3，然后分别加入 5 滴 3mol/L H_2SO_4、5 滴去离子水、5 滴 6mol/L NaOH，充分振荡使 Na_2SO_3 溶解。然后各加入 2 滴 0.1mol/L $KMnO_4$ 溶液，观察实验现象，并加以解释。

4. 氧化剂、还原剂及其相对性

（1）取三支试管，各加入 10 滴 0.5mol/L KI 溶液和 5 滴 3mol/L H_2SO_4 溶液，然后分别加入 1 滴饱和 $KBrO_3$ 溶液、1 滴 0.2mol/L K_2CrO_4 溶液和 10 滴 6mol/L HNO_3 溶液。有何不同现象发生？并加以解释。

（2）另取两支试管，在一支试管中加入 5 滴 0.5mol/L KI 溶液和 5 滴 3mol/L H_2SO_4 溶液，然后加入 3 滴 3％ H_2O_2 溶液；在另一支试管中加入 5 滴 0.1mol/L $KMnO_4$ 溶液和 5 滴 3mol/L H_2SO_4 溶液，然后加入 10 滴 3％ H_2O_2 溶液。有何不同现象？并加以解释。

实验十六　配位平衡

一、实验目的

1. 知识目标

了解有关配合物的生成，配离子及简单离子的区别；熟悉配合物的性质以及比较配离子的稳定性；掌握配位平衡的移动，及其与沉淀反应、氧化还原反应以及溶液酸度的关系。

2. 技能目标

了解溶液的取用、萃取分离、实验现象的观察等方法。

二、预习思考

1. 萃取分离的原理是什么？
2. 配合物与复盐的主要区别是什么？如何判断某化合物是配合物？
3. 有哪些因素会影响配位平衡？

三、实验原理与技能

1. 实验原理

配位化合物是由一定数目的离子或分子与原子或离子（中心原子或离子）以配位键相结合，按一定的组成和空间构型所形成的化合物，简称配合物（旧称络合物）。配合物一般可以分为内界和外界两个部分，如 $[Co(NH_3)_5H_2O]Cl_3$ 中的 $[Co(NH_3)_5H_2O]$ 是内界，在方

括号之外的 Cl^- 为外界。有些配合物不存在外界，如 $[PtCl_2(NH_3)_2]$。

简单金属离子在形成配离子后，其性质（如颜色、酸碱性、溶解性、氧化还原性等）往往和原物质有很大的差别。例如，AgCl 难溶于水，但 $[Ag(NH_3)_2]Cl$ 易溶于水，因此可以通过 AgCl 与氨水的配位反应使 AgCl 溶解。

配合物的内界在溶液中像其他弱电解质一样，发生部分解离。因此，在配合物溶液中，存在下列配位解离平衡，称为配位平衡。

$$M + nL \rightleftharpoons ML_n$$

配位平衡像其他化学平衡一样，当外界条件发生变化时，配位平衡也发生移动，在新的条件下达到新的平衡。根据平衡移动原理，改变平衡体系中金属离子或配位体的浓度，会使上述平衡发生移动。改变金属离子或配位体的浓度一般可以通过以下措施实现：

（1）通过沉淀反应改变金属离子浓度；
（2）通过酸碱反应改变配体浓度；
（3）通过氧化还原反应改变金属离子价态；
（4）加入另外一种金属离子 N 与配体 L 进行竞争反应，或加入另外一种配体与金属离子 M 进行竞争反应。

在一定条件下，配合物与沉淀之间可相互转化，例如：

$$AgCl + 2NH_3 \longrightarrow [Ag(NH_3)_2]^+ + Cl^-$$

$$[Ag(NH_3)_2]^+ + Br^- \longrightarrow AgBr\downarrow + 2NH_3$$

2. 实验技能

掌握溶液的取用、萃取分离、实验现象的观察等。

四、主要仪器及试剂

1. 仪器

离心机、量筒、烧杯、试管、酒精灯等。

2. 试剂

氯化汞（0.1mol/L）、碘化钾（0.1mol/L）、硫酸镍（0.2mol/L）、氯化钡（0.1mol/L）、氢氧化钠（0.1mol/L，2mol/L）、氨水（6mol/L）、三氯化铁（0.5mol/L，0.1mol/L）、硫氰酸钾（0.1mol/L）、铁氰化钾（0.1mol/L）、硝酸银（0.1mol/L）、氯化钠（0.1mol/L）、四氯化碳、氟化铵（4mol/L）、硫酸（1∶1）、氟化钠（0.1mol/L）。

五、实验内容

1. 配离子的生成与配合物的性质

（1）取一支试管，加入 2 滴 0.1mol/L $HgCl_2$ 溶液，滴加 0.1mol/L KI 溶液至出现沉淀为止，沉淀呈现什么颜色？再继续滴加 KI 溶液，又有何现象？

（2）取两支试管分别加入 5 滴 0.2mol/L $NiSO_4$ 溶液，然后在一支试管中滴加 5 滴 0.1mol/L $BaCl_2$ 溶液，在另一支试管中加入 5 滴 0.1mol/L NaOH 溶液，离心分离后沉淀分别为何颜色？

（3）取一支试管，加入 20 滴 0.2mol/L $NiSO_4$ 溶液，然后边滴加 6mol/L 氨水，边摇动试管，直至沉淀完全溶解，再适当滴加过量的氨水，观察溶液的颜色。将所得溶液分成两份，一份加入 5 滴 0.1mol/L $BaCl_2$ 溶液，另一份加入 5 滴 0.1mol/L NaOH 溶液，现象有何不同？加以解释。

（4）取一支试管，加入 3 滴 0.1mol/L $FeCl_3$ 溶液和 2 滴 KSCN 溶液，有何现象？若以 0.1mol/L $K_3[Fe(CN)_6]$ 代替 $FeCl_3$ 溶液做相同的试验，又有何现象？加以解释。

2. 配位平衡的移动

(1) 配位平衡与沉淀反应

取一支试管,加入适量 0.1mol/L $AgNO_3$ 溶液,滴加 3 滴 0.1mol/L NaCl 溶液,摇匀后再逐滴加入氨水至沉淀全部溶解。加以解释。

(2) 配位平衡与氧化还原反应

取一支试管,加入 5 滴 0.5mol/L $FeCl_3$ 溶液,滴加 10 滴 0.1mol/L KI 溶液,再加入 15 滴 CCl_4,振荡后有何现象?加以解释。

取一支试管,加入 5 滴 0.5mol/L $FeCl_3$ 溶液,逐滴加入 4mol/L 氟化铵溶液,至溶液的黄色褪去,再加入与上述实验同量的 KI 溶液和 CCl_4 并振荡,CCl_4 层为何颜色?

(3) 配位平衡与介质的酸碱性

取一支试管,加入 10 滴 0.5mol/L $FeCl_3$ 溶液,逐滴加入 4mol/L 氟化铵溶液,至溶液呈无色,然后将溶液分成两份,一份加入过量 2mol/L NaOH 溶液;另一份加入过量硫酸溶液(1∶1),观察现象,并加以解释。

(4) 配离子的转化

取一支试管,加入 2 滴 0.1mol/L $FeCl_3$ 溶液,加去离子水稀释至无色,滴加 1 滴 0.1mol/L KSCN 溶液,有何现象?再逐滴加入 0.1mol/L NaF 溶液,又有何变化?

第五篇

物理常数的测定

实验十七　摩尔气体常数的测定

一、实验目的

1. 知识目标

了解置换法测定摩尔气体常数的原理和方法；熟悉气体状态方程和分压定律的有关计算。

2. 技能目标

巩固分析天平的使用技术，学习气体体积的测量技术和气压计的使用方法。

二、预习思考

1. 为什么要使漏斗水面与量气管水面在同一水平位置才读取读数？
2. 酸的浓度和用量是否需要严格控制和准确量取？为什么？
3. 镁条与稀酸作用完毕后，为什么要等试管冷却到室温时方可读取读数？

三、实验原理和技能

1. 实验原理

由理想气体状态方程可知，摩尔气体常数

$$R = \frac{pV}{nT} \tag{5-1}$$

通过一定的方法测得理想气体的 p、V、n、T，即可计算出摩尔气体常数。本实验通过一定质量的镁条（铝片或锌片）与过量的稀酸作用，用排水集气法收集氢气，氢气的体积由量气管测出，氢气的物质的量 $n(H_2)$ 可根据反应的镁条的质量求出，称量时除了要刮净镁条表面的氧化膜外，还要保证称量准确。

$$Mg + H_2SO_4 \longrightarrow MgSO_4 + H_2 \uparrow$$

由于在量气管内收集的氢气是被水蒸气所饱和的，根据道尔顿分压定律，量气管内的气压 p（总压力，等于大气压）是氢气的分压 $p(H_2)$ 和实验温度 T 时水的饱和蒸气压 $p(H_2O,g)$ 的总和，即

$$p(H_2) = p - p(H_2O,g)$$

式中，p 值取大气压值，实验中用量气管量气时要做到管内的气体与外界气体等压来保证 $p(H_2,g) = p(大气) - p(H_2O,g)$，$p(H_2O,g)$ 可由附录 4 查取一定温度下的水的饱和蒸气压值得到。最后将各项数据代入：

$$R = \frac{p(\mathrm{H_2})V}{n(\mathrm{H_2})T}$$

式中，V 为量气管所收集到 $\mathrm{H_2}$ 的体积，由于 Mg 与 $\mathrm{H_2SO_4}$ 为一放热反应，而气体的体积又与温度有关，故 V 值的读取一定要等量气管冷却到室温；T 为热力学温度，用实验时的室温代替。将有关数据代入上式，即可计算出摩尔气体常数 R。R 值的测定实际上是通过测定 p、V、$m(\mathrm{Mg})$、T 值来实现的，测准它们即为做好本实验的关键。

2. 实验技能

掌握气体体积测量方法；量气管的使用方法；气压计的使用方法。

四、主要仪器及试剂

1. 仪器

气压计、温度计、烧杯（100mL）、量气管（50mL，可用 50mL 碱式滴定管代替）、试管、漏斗、橡皮管、导气管、铁架台。

2. 试剂

1.0mol/L $\mathrm{H_2SO_4}$ 溶液、镁条（铝片或锌片）。

五、实验内容

1. 称量金属质量

用分析天平准确称取镁条质量（0.0300～0.0400g）。如用锌片，称取范围为 0.0800～0.1000g 之间；如用铝片，称取范围在 0.0220～0.0300g 之间。注意：称取金属前，先用砂纸擦去表面氧化膜。

2. 仪器装置

按图 5-1 所示安装装置。安装后，取下试管，往量气管中加水，水从漏斗注入，使漏斗和量气管都充满水（皮管内勿存气泡，为什么？）。量气管的水面保持在 0～5mL 刻度线之间（刻度表示体积为多少毫升），漏斗中水面保持在漏斗口下 1/3～2/3 处（视漏斗大小而定）。然后把连接管一端塞紧量气管口，另一端塞紧反应试管口。

3. 检查气密性

将漏斗向上（或向下）移动一段距离，使量气管水面略低（或略高）于漏斗水面。固定漏斗后，观察量气管水面是否移动，若不移动，说明不漏气；若移动，说明漏气，应检查各管子连接处，直到不漏气为止。

4. 金属与稀硫酸作用前的准备

打开试管塞子，用滴管（或用小漏斗）加入 4mL 1.0mol/L 的 $\mathrm{H_2SO_4}$ 溶液，注意不要使酸液沾湿液面上段的试管壁。将已称好的镁条沾少量水，小心贴在试管壁上，避免与酸液接触，塞紧塞子（谨防镁条掉进酸中）。

5. 再次检查气密性

按步骤 3 再次检查气密性。如不漏气，则调整漏斗的位置，使量气管内液面与漏斗内液面在同一水平面上（量气管内的液面在 0～1mL 之间），然后准确读出量气管内液面的弯月面最低点的刻度（准确至 0.01mL），记录读数 V_1。

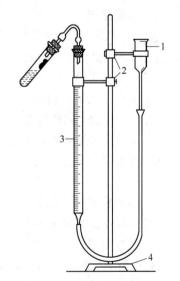

图 5-1　测定摩尔气体常数的装置
1—水平管（长颈漏斗）；2—铁夹；
3—量气管；4—铁架

6. 氢气的反应、收集和体积的测量

摇动试管，使镁条落入酸液，发生反应产生氢气。此时反应产生的氢气进入量气管中，将量气管中的水压入漏斗内。为防止压力增大造成漏气，在量气管水面下降的同时，缓慢下移漏斗，保持漏斗水面大致与量气管水面在同一水平位置。待反应完全停止后，冷却约 10 min 后，移动漏斗，使其水面与量气管水面在同一水平位置，固定漏斗，准确读出量气管水面最低处所对应的刻度，记录读数 V_2。

记录室温 T 和大气压 $p_{大气}$，从附录 4 中查出室温时水的饱和蒸气压 $p(H_2O)$。

六、数据记录与处理

1. 根据镁条的质量及反应方程式计算氢气的物质的量 $n(H_2)$，代入有关数据计算。

$$R = \frac{p(H_2)V}{n(H_2)T} = \frac{[p(大气)-p(H_2O)](V_2-V_1)}{n(H_2)T} [Pa \cdot m^3/(K \cdot mol)]$$

2. 从有关化学手册中查得 R 的文献值 $R_{文献值}$，计算相对误差，并分析造成误差的原因。

$$RE = \frac{|R_{文献值} - R_{实验值}|}{R_{文献值}} \times 100\%$$

实验十八 二氧化碳分子量的测定

一、实验目的

1. 知识目标

学习气体相对密度法测定分子量的原理和方法，加深理解理想气体状态方程和阿伏伽德罗定律；了解气体净化和干燥的原理和方法；了解启普发生器的构造和原理。

2. 技能目标

学会人气压力计的使用方法；巩固分析天平的使用方法；掌握启普发生器的使用方法；熟悉洗涤、干燥气体的装置。

二、预习思考

1. 为什么二氧化碳气体、瓶、塞的总质量要在分析天平上称量，而水+瓶+塞的质量可在台秤上称量？两者的要求有何不同？
2. 为什么橡皮塞塞入的位置要用笔做记号？
3. 在制备二氧化碳的装置中，能否把瓶 2 和瓶 3 倒过来装置？为什么？
4. 分析误差产生的原因有哪些？
5. 哪些物质可用此法测定分子量？哪些不可以？为什么？

三、实验原理和技能

1. 实验原理

根据阿伏伽德罗定律，同温同压下，同体积的任何气体含有相同数目的分子。因此，在同温同压下，同体积的两种气体的质量之比等于它们的分子量之比，即：

$$M_1/M_2 = m_1/m_2 = d$$

式中，M_1 和 m_1 分别代表第一种气体的分子量和质量；M_2 和 m_2 分别代表第二种气体的分子量和质量；d 代表第一种气体对第二种的相对密度。

本实验是把同体积的二氧化碳气体与空气（其平均分子量为 29.0）相比，这样二氧化

碳的分子量可按下式计算：

$$M_{CO_2} = \frac{m_{CO_2} M_{空气}}{m_{空气}} = d_{空气} \times 29.0$$

式中，一定体积（V）的二氧化碳气体质量 $m_{空气}$ 可直接从天平上称出。根据实验时的大气压（p）和温度（T），利用理想气体状态方程，可计算出同体积的空气的质量：

$$m_{空气} = \frac{pV \times 29.0}{RT}$$

这样就求得了二氧化碳气体对空气的相对密度，从而可以测定二氧化碳气体的分子量。

2. 实验技能

要求掌握分析天平、启普发生器、气压计的使用，熟练掌握洗涤、干燥气体等基本操作。

四、主要仪器及试剂

1. 仪器

台秤、分析天平、启普发生器、洗气瓶、锥形瓶、干燥管、温度计、玻璃棒、玻璃导管、橡皮塞（3、6、8~12号）、玻璃棉、气压计等。

2. 试剂

石灰石、无水 $CaCl_2$、6mol/L HCl、浓 H_2SO_4、1mol/L $NaHCO_3$。

五、实验内容

按图5-2连接好二氧化碳气体的发生和净化装置，并检查气密性。

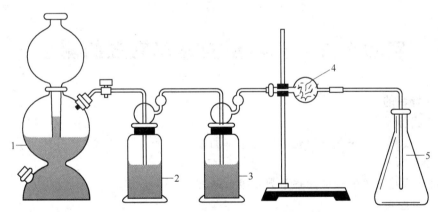

图 5-2 制取、净化和收集 CO_2 装置图

1—石灰石+稀盐酸；2—饱和 $NaHCO_3$ 溶液；3—浓硫酸；4—无水氯化钙；5—锥形瓶

取一个洁净而干燥的锥形瓶，选一个合适的橡皮塞塞入瓶口，在塞子上作一个记号，以固定塞子塞入瓶口的位置。在天平上称出空气+瓶+塞子的质量。

从启普发生器产生的二氧化碳气体，通过饱和 $NaHCO_3$ 溶液、浓硫酸、无水氯化钙，经过净化和干燥后，导入锥形瓶内。因为二氧化碳气体的相对密度大于空气，所以必须把导气管插入瓶底，才能把瓶内的空气赶尽。2~3min后，用燃着的火柴在瓶口检查 CO_2 已充满后，再慢慢取出导气管用塞子塞住瓶口（应注意塞子是否在原来塞入瓶口的位置上）。在天平上称出二氧化碳气体+瓶+塞子的质量，重复通入二氧化碳气体和称量的操作，直到前后两次二氧化碳气体+瓶+塞子的质量相符为止（两次质量相差不超过1~2mg）。这样做是为了保证瓶内的空气已完全被排出并充满了二氧化碳气体。

最后在瓶内装满水，塞好塞子（注意塞子的位置），在台秤上称重，精确至0.1g。记下室温和大气压。

注释：

① 启普发生器中酸不可多装，以防酸过多把导气管口淹没。
② 碳酸钙不要加太多，占球体的1/3即可。
③ 保持塞子塞入瓶中的体积相同。

六、数据记录与处理

室温 t（℃）_____，T(K)_____

气压 p（Pa）_____

空气+瓶+塞子的质量 A _____ g

二氧化碳气体+瓶+塞子的质量 B _____ g

水+瓶+塞子的质量 C _____ g

瓶的容积 $V=(C-A)/1.00$ _____ mL

瓶内空气的质量 $m_{空气}=pV\times 29.0/(RT)$ _____ g

瓶和塞子的质量 $D=A-m_{空气}$ _____ g

二氧化碳气体的质量 $m_{CO_2}=B-D$ _____ g

二氧化碳的分子量 $M_{CO_2}=m_{CO_2}M_{空气}/m_{空气}$ _____

百分误差 $=-\dfrac{M_{CO_2(实)}-M_{CO_2(理)}}{M_{CO_2(理)}}\times 100\%=$ _____

实验十九　化学反应速率常数的测定

一、实验目的

1. 知识目标

了解浓度、温度、催化剂对化学反应速率的影响。

2. 技能目标

学习测定反应速率、反应速率常数及级数的方法。

二、预习思考

1. 本实验中为什么可以由反应溶液出现蓝色时间的长短来计算反应速率？溶液变蓝后，烧杯中的反应是否也就停止了？

2. 实验中，向 KI、淀粉、$Na_2S_2O_3$ 混合液中加入 $(NH_4)_2S_2O_8$ 溶液时，为什么必须迅速倒入？

3. 实验中 $Na_2S_2O_3$ 的用量过多或过少，对实验结果有何影响？

三、实验原理和技能

1. 实验原理

（1）浓度对化学反应速率的影响

本实验所测定的是过二硫酸铵 $[(NH_4)_2S_2O_8]$ 与碘化钾（KI）的反应，是一个慢反应，发生如下反应：

$$(NH_4)_2S_2O_8+3KI=\!\!=\!\!=(NH_4)_2SO_4+K_2SO_4+KI_3$$

其离子方程式为：
$$S_2O_8^{2-} + 3I^- = 2SO_4^{2-} + I_3^- \tag{1}$$

此反应的速率方程式可表示如下：
$$v = kc^m(S_2O_8^{2-})c^n(I^-)$$

式中　$c(S_2O_8^{2-})$——反应物 $S_2O_8^{2-}$ 的起始浓度；

　　　$c(I^-)$——反应物 I^- 的起始浓度；

　　　v——该温度下的瞬时速率；

　　　k——速率常数；

　　　m——$S_2O_8^{2-}$ 的反应级数；

　　　n——I^- 的反应级数。

此反应在 Δt 时间内平均速率可表示为：$\bar{v} = -\Delta c(S_2O_8^{2-})/\Delta t$

可以近似地利用平均速率代替瞬时速率：
$$v = kc^m(S_2O_8^{2-})c^n(I^-) \approx -\Delta c(S_2O_8^{2-})/\Delta t = \bar{v}$$

为了测定 Δt 时间内 $S_2O_8^{2-}$ 浓度的变化量，在混合 $(NH_4)_2S_2O_8$ 和 KI 同时，加入一定量已知浓度并含有淀粉（用作指示剂）的 $Na_2S_2O_3$ 溶液，在反应（1）进行的同时也有如下反应：
$$2S_2O_3^{2-} + I_3^- = S_4O_6^{2-} + 3I^- \tag{2}$$

反应（2）是一个快反应，相对反应（1）而言该反应几乎在瞬间完成。由于反应（1）所产生的 I_3^- 会立即与 $Na_2S_2O_3$ 反应，所以一段时间以内，看不到 I_3^- 与淀粉作用产生的蓝色。但是，一旦 $Na_2S_2O_3$ 耗尽，则微量的 I_3^- 就使溶液变色，记录溶液变蓝所用时间 Δt。

由反应（1）和反应（2）可知：$\Delta c(S_2O_8^{2-}) = \Delta c(S_2O_3^{2-})/2$。$\Delta t$ 为加入 $Na_2S_2O_3$ 淀粉溶液到溶液变蓝的时间，故：

$$v = \frac{\Delta c(S_2O_8^{2-})}{\Delta t} = \frac{\Delta c(S_2O_3^{2-})}{2\Delta t} = \frac{\Delta c(S_2O_3^{2-})_{\text{始}}}{2\Delta t} \tag{5-1}$$

v 还可表示为：
$$v = kc^m(S_2O_8^{2-})c^n(I^-) \tag{5-2}$$

式中，v 是瞬时速率。当满足 $c(S_2O_8^{2-}) \gg c(S_2O_3^{2-})$ 时，可以使式（5-1）和式（5-2）相等，从而计算 m、n 与 k 的值。

分别选取 $c(I^-)$、$c(S_2O_8^{2-})$ 相同的两组数据，由不同 v 值可求出 m、n。

固定 $c(S_2O_8^{2-})$，只改变 $c(I^-)$ 时：

$$\frac{v_1}{v_2} = \frac{\Delta t_1}{\Delta t_2} = \frac{kc^m(S_2O_8^{2-})c^n(I^-)_2}{kc^m(S_2O_8^{2-})c^n(I^-)_1} = \frac{c^n(I^-)_1}{c^n(I^-)_2} = \left[\frac{c(I^-)_1}{c(I^-)_2}\right]^n$$

可求出 n。

同理，固定 $c(I^-)$，可求出 m。

m 和 n 为该反应的级数。

当 m 和 n 固定后，由 $k = \dfrac{v}{c^m(S_2O_8^{2-})c^n(I^-)}$，可求出速率常数 k。

(2) 温度对化学反应速率的影响

温度对化学反应速率有明显的影响，若保持其他条件不变，只改变反应温度，由反应所

用时间 Δt_1 和 Δt_2，通过如下关系：

$$\frac{v_1}{v_2}=\frac{k_1 c^m(S_2O_8^{2-})c^m(I^-)}{k_2 c^m(S_2O_8^{2-})c^m(I^-)}=\frac{\Delta c(S_2O_8^{2-})/\Delta t_1}{\Delta c(S_2O_8^{2-})/\Delta t_2}$$

得出 $\dfrac{k_1}{k_2}=\dfrac{\Delta t_1}{\Delta t_2}$，从而求出不同温度下的速率常数 k。

（3）催化剂对化学反应速率的影响

催化剂能改变反应的活化能，对反应速率有较大的影响，$(NH_4)_2S_2O_8$ 与 KI 的反应可用可溶性铜盐如 $Cu(NO_3)_2$ 作催化剂。

2. 实验技能

掌握秒表的使用方法、普通水浴和电热恒温水浴加热技术。

四、主要仪器及试剂

1. 仪器

量筒（50mL，10mL）、烧杯（100mL）、试管、玻璃棒、秒表、温度计。

2. 试剂

0.2mol/L KI 溶液、0.2mol/L $(NH_4)_2S_2O_8$ 溶液、0.2mol/L $(NH_4)_2SO_4$ 溶液、0.2mol/L $Cu(NO_3)_2$ 溶液、0.1mol/L $CuSO_4$ 溶液、0.01mol/L $Na_2S_2O_3$ 溶液、0.2mol/L KNO_3 溶液、10% H_2O_2 溶液、0.2%淀粉溶液、固体 MnO_2、锌粉。

五、实验内容

1. 浓度对化学反应速率的影响

在室温下，分别用三只量筒量取 20mL 0.2mol/L KI、4mL 0.2%淀粉、8mL 0.01mol/L $Na_2S_2O_3$ 溶液（每种试剂所用的量筒都要贴上标签，以免混乱），倒入一个 100mL 烧杯中，搅匀，然后用另一只量筒量取 20mL 0.2mol/L $(NH_4)_2S_2O_8$ 溶液，迅速加入到该烧杯中，同时按动秒表，并不断用玻璃棒搅拌，待溶液出现蓝色时，立即停止秒表，记下反应的时间和温度。

用同样的方法按表 5-1 中各种试剂用量进行另外 4 次实验，记下每次实验的反应时间，为了使每次实验中离子强度和总体积不变，不足的量分别用 0.2mol/L KNO_3 溶液和 0.2mol/L $(NH_4)_2SO_4$ 溶液补足。

2. 温度对化学反应速率的影响

按表 5-1 中实验编号 4 各试剂的用量，在分别比室温高 10℃、20℃的温度条件下，重复上述实验。具体操作步骤是：将 KI、淀粉、$(NH_4)_2S_2O_8$ 和 KNO_3 溶液倒入一个 100mL 烧杯中混匀，$(NH_4)_2S_2O_8$ 倒入另一烧杯中，将两份溶液放在恒温水浴中升温，待升到所需温度时，将 $(NH_4)_2S_2O_8$ 溶液迅速倒入 KI 等混合溶液中，同时按动秒表并不断搅拌，当溶液刚出现蓝色时，立即停止秒表，记下反应时间和反应温度。

将这两次实验编号为 6、7 的数据和编号为 4 的数据记录在表 5-2 中，并求出不同温度下反应速率常数。

3. 催化剂对化学反应速率的影响

（1）均相催化

$Cu(NO_3)_2$ 可加快 $(NH_4)_2S_2O_8$ 和 KI 的反应，按表 5-1 中实验 4 的各试剂用量将 KI、$Na_2S_2O_3$、KNO_3 和淀粉加入 100mL 烧杯中，再加 3 滴 0.02mol/L $Cu(NO_3)_2$ 溶液作催化剂，搅匀，迅速加入 $(NH_4)_2S_2O_8$ 溶液，同时开始记录时间，不断搅拌，直至溶液刚出现

蓝色为止,记下所用时间,将反应速率与表5-1实验编号4的反应速率相比较。

(2) 多相催化

取两支试管,分别加入2mL10%的H_2O_2溶液,在其中一支试管中加入少量已灼烧过的MnO_2固体粉末,观察比较两支试管中气泡产生的剧烈程度,写出方程式并加以解释。

4. 接触面对化学反应速率的影响

取两支试管,各加入2mL 0.1mol/L的$CuSO_4$溶液,然后向两支试管中分别加入少量锌粉和锌片,观察颜色变化,说明了什么?

六、数据记录与处理

1. 浓度对化学反应速率的影响

表5-1 浓度对化学反应速率的影响(室温____℃)

	实验编号	1	2	3	4	5
试液体积 V/mL	0.2mol/L $(NH_4)_2S_2O_8$	20	10	5	20	20
	0.2mol/L KI	20	20	20	10	5
	0.01mol/L $Na_2S_2O_3$	8	8	8	8	8
	0.2%淀粉	4	4	4	4	4
	0.2mol/L KNO_3	0	0	0	10	15
	0.2mol/L $(NH_4)_2SO_4$	0	10	15	0	0
反应物的起始浓度 c/(mol/L)	$(NH_4)_2S_2O_8$					
	KI					
	$Na_2S_2O_3$					
反应开始至溶液显蓝色时所需时间 Δt/s						
反应的平均速率 $\bar{v} = \dfrac{c(S_2O_3^{2-})_{始}}{2\Delta t}$/[mol/(L·s)]						
反应的速率常数 $k = \dfrac{v}{c^m(S_2O_8^{2-})c^n(I^-)}$						
反应级数		$m=$		$n=$		
	反应级数 $m+n=$					

2. 温度对化学反应速率的影响

表5-2 温度对化学反应速率的影响

实验编号	反应温度 T/K	反应时间 Δt/s	反应速率 v/[mol/(L·s)]	反应速率常数 k/[k][①]
4				
6				
7				

① [k]表示k的单位。

实验二十 凝固点降低法测定分子量

一、实验目的

1. 知识目标

理解溶液凝固点的定义;掌握用凝固点降低法测定萘的分子量的原理和方法,加深对稀溶液依数性的理解;掌握步冷曲线法测定液体凝固点的方法。

2. 技能目标

掌握数字贝克曼温度计的使用方法;掌握获得凝固点的正确方法;掌握利用计算机作图的基本方法。

二、预习思考

1. 测定凝固点时,纯溶剂温度回升后有一恒定阶段,而溶液没有,为什么?
2. 根据什么原则考虑加入溶质的量?太多或太少影响如何?
3. 在凝固点降低法测定摩尔质量实验中,当溶质在溶液中有解离、缔合和生成络合物的情况下,对摩尔质量的测定值各有什么影响?
4. 溶液浓度太浓或太稀对实验结果有什么影响?为什么?
5. 搅拌速度过快和过慢对实验有何影响?
6. 为什么要初测物质的凝固点?
7. 测定溶液的凝固点时析出固体较多,测得的凝固点准确吗?

三、实验原理和技能

1. 实验原理

稀溶液中溶剂的蒸气压下降、凝固点降低(析出固态纯溶剂)、沸点升高(溶质不挥发)和渗透压的数值,仅与一定量溶液中溶质的质点数有关,而与溶质的本性无关,故称这些性质为稀溶液的依数性。

固体物质和它的液体成平衡时的温度称为凝固点。加一溶质于纯溶剂中,其溶液的凝固点必然较纯溶剂的凝固点低,其降低的数值与溶液中溶质的质量摩尔浓度成正比。

对于在溶液中不解离、不缔合的溶质的稀溶液有如下关系式:

$$\Delta T = T_0 - T = kc \tag{5-3}$$

式中 T_0——纯溶剂的凝固点;

T——浓度为 c 的溶液的凝固点;

k——比例常数。

如果 c 以质量摩尔浓度(b_B 为每千克溶剂所含溶质的物质的量)来表示,k 则为溶剂的摩尔凝固点降低常数,今以 K_f 表示这个常数,于是式(5-3)可改写为:

$$\Delta T = T_0 - T = K_f b_B \tag{5-4}$$

若取一定量的溶质(m_B)和溶剂(m_A)配制成稀溶液,则此溶液的质量摩尔浓度 b_B 为:

$$b_B = \frac{m_B/M_B}{m_A} \times 1000 \tag{5-5}$$

式中,M_B 为溶质的分子量。

联立式(5-4)和式(5-5),得:

$$M_B = \frac{K_f}{T_0 - T} \times \frac{1000 m_B}{m_A} \tag{5-6}$$

如果已知溶剂的 K_f 值,则测定此溶液的凝固点降低值,即可按式(5-6)计算溶质的分子量。

纯溶剂的凝固点是它的液相和固相共存的平衡温度。若将纯溶剂逐步冷却,其冷却曲线如图 5-3 中的 I 所示。但实际过程中往往发生过冷现象,即在过冷时开始析出固体后,温度才回升到稳定的平衡温度,当液体全部凝固后,温度再逐渐下降,其冷却曲线如图 5-3 中的 II 所示。

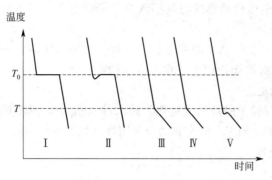

图 5-3 冷却曲线

溶液的凝固点是该溶液的液相与溶剂的固相共存的平衡温度。若将溶液逐步冷却,其冷却曲线与纯溶剂不同,见图 5-3 中Ⅲ、Ⅳ。由于部分溶剂凝固而析出,使剩余溶液的浓度逐渐增大,因而剩余溶液与溶剂固相的平衡温度也逐渐下降。本实验所要测定的是浓度已知的溶液的凝固点。因此,所析出的溶剂固相的量不能太多,否则要影响原溶液的浓度。如稍有过冷现象如图 5-3 中Ⅳ所示,对分子量的测定,无显著影响;如过冷严重,则冷却曲线如图 5-3 中Ⅴ所示,测得的凝固点将偏低,影响分子量的测定结果。因此在测定过程中必须设法控制适当的过冷程度,一般可通过控制冷却剂的温度、搅拌速度等方法来达到该目的。

由于稀溶液的凝固点降低值不大,因此温度的测量需要用较精密的仪器,在本实验中采用精密温差测量仪。

做好本实验的关键:一是控制搅拌速度,每次测量时的搅拌条件和速度尽量一致。二是冷却剂的温度,过高则冷却太慢,过低则测不准凝固点,一般要求较溶剂的凝固点低 3~4℃,因此本实验中采用冰-水混合物作冰浴。

2. 实验技能

掌握贝克曼温度计的使用方法。

四、主要仪器及试剂

1. 仪器

凝固点测定仪、普通水银温度计、SWC-Ⅱ型数字贝克曼温度计、压片机、秒表、25mL 移液管、烧杯。

2. 试剂

环己烷($K_f=20.2$ K·kg/mol,$\rho=0.774$ g/mL)、萘(分析纯)。

五、实验内容

1. 调节冷却剂的温度

如图 5-4 所示,调节冰的量使冷却剂 F 的温度处于 4℃左右。在实验过程中用搅拌器 D 经常搅拌并根据冷却剂的温度要经常补充少量的冰,使冷却剂保持恒定温度。

2. 环己烷的凝固点测定

用移液管吸取 30mL 环己烷,把它加入凝固点管 A。然后塞上橡皮塞,并调整贝克曼温度计的探头 B 使其浸入环己烷的液面之下但不要碰壁或者触底。

先将盛放环己烷液体的凝固点管 A 直接插入冷却剂 F 中,均匀搅拌,使环己烷的温度逐渐降低,当刚有固体析出时迅速将其外壁擦

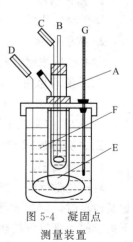

图 5-4 凝固点测量装置

干，当其析出的固体完全熔化后迅速将其插入空气套管 E 中。打开秒表，每 15s 记录一次待测系统的温度。

重复试验。取出凝固点管 A，用手温热之。待管中的固体刚完全熔化后，将它直接插入空气套管 E 中冷却。后续的操作同上，重复测量两次。

3. 溶液凝固点的测定

取出凝固点管 A，使管中的环己烷熔化。称取约 0.3g 萘，自凝固点管支管加入样品，待全部溶解后，测定溶液的凝固点。测定方法与测定环己烷的方法相同。重复三次，取平均值。

六、数据记录与处理

1. 数据记录

凝固点测定数据见表 5-3。

表 5-3 凝固点测定数据

纯溶剂第一次		纯溶剂第二次		溶液第一次		溶液第二次		溶液第三次	
时间 t/s	温度 T/℃	时间 t/s	温度 T/℃	时间 t/s	温度 T/℃	时间 t/s	温度 T/℃	时间 t/s	温度 T/℃
0									
15									
30									
45									
…									

2. 根据环己烷的密度计算实验中所用环己烷溶剂的质量 m_A。

环己烷的体积 30mL，环己烷的密度 0.774g/mL，环己烷的质量 23.22g，萘的质量 0.1166g。

3. 根据环己烷溶剂和溶液的步冷曲线，确定溶剂和溶液的凝固点。

4. 用纯溶剂和溶液的凝固点 T_f^*、T_f 计算萘的摩尔质量，并计算该结果的相对误差。

实验二十一　化学反应热效应的测定

一、实验目的

1. 知识目标

学会测定化学反应热效应的一般原理和方法，测定锌与硫酸铜反应的热效应。

2. 技能目标

学习准确浓度溶液的配制方法；掌握利用外推法校正温度改变值的作图方法。

二、预习思考

1. 实验中硫酸铜的浓度和体积要求比较精确，为什么锌粉只用台秤称量？
2. 实验中哪些操作易产生误差？应如何减少误差？

三、实验原理和技能

1. 实验原理

对一化学反应，当生成物的温度与反应物的温度相同，且在反应过程中除膨胀功以外不做其他功时，该化学反应所吸收或放出的热量，称为化学反应热效应。若反应是在恒压条件下进行的，则反应的热效应称为恒压热效应 Q_p，此热效应全部用于增加体系的焓（ΔH），所以有

$$\Delta H = Q_p \tag{5-7}$$

式中，ΔH 为该反应的焓变。对于放热反应 $\Delta_r H_m$ 为负值，对于吸热反应 $\Delta_r H_m$ 为正值。

例如，在恒压条件下，1mol 锌置换硫酸铜溶液中的铜离子时，放出 216.8kJ 的热量，即：

$$Zn + CuSO_4 \Longrightarrow ZnSO_4 + Cu \qquad \Delta_r H_m = -216.8 kJ/mol$$

测定化学反应热效应的基本原理是能量守恒定律，即反应所放出的热量促使反应体系温度的升高。因此，对上面的反应，其热效应与溶液的质量（m）、溶液的比热容（C）和反应前后体系温度的变化（ΔT）有如下关系：

$$Q_p = -(Cm\Delta T + K\Delta T) \tag{5-8}$$

式中，K 为热量计的热容量，即热量计本身每升高 1℃ 所吸收的热量。

由溶液的密度（ρ）和体积（V）可得溶液的质量，即：

$$m = \rho V \tag{5-9}$$

若上述反应以每摩尔锌置换铜离子时所放出的热量（单位为 kJ）来表示，综合式(5-7)、式(5-8)、式(5-9) 三式，可得：

$$\Delta_r H_m = \frac{Q_p}{n} = -\frac{1}{1000n}(C\rho V + K)\Delta T \tag{5-10}$$

式中，n 为体积为 V 的溶液中的物质的量。

热量计的热容量可由如下方法求得：在热量计中首先加入温度为 T_1、质量为 m_1 的冷水，再加入温度为 T_2、质量为 m_2 的热水，二者混合后，水温为 T，则：

热量计得到的热量为： $Q_0 = (T - T_1)K$

冷水得到的热量为： $Q_1 = (T - T_1)m_1 C_水$

热水失去的热量为： $Q_2 = (T_2 - T)m_2 C_水$

因此： $Q_0 = Q_2 - Q_1$

综合以上四式可得热量计的热容量为：

$$K = C_水 \frac{m_2(T_2 - T) - m_1(T - T_1)}{T - T_1} \tag{5-11}$$

式中，$C_水$ 为水的比热容。

若热量计本身所吸收的热量忽略不计，则式(5-10) 可简化为：

$$\Delta_r H_m = \frac{Q_p}{n} = -\frac{C\rho V}{1000n}\Delta T \tag{5-12}$$

由式(5-12) 可见，本实验的关键在于能否测得准确的温度值。为获得准确的温度变化 ΔT，除精细观察反应时的温度变化外，还要对影响 ΔT 的因素进行校正。其校正的方法是：在反应过程中，每隔 30s 记录一次温度，然后以温度（T）对时间（t）作图，绘制 T-t 曲线。

2. 实验技能

掌握准确浓度溶液的配制、容量瓶及精密温度计的使用。

四、主要仪器及试剂

1. 仪器

保温杯热量计、精密温度计、容量瓶、量筒、洗瓶、玻璃棒、移液管、分析天平、台秤、秒表。

2. 试剂

$CuSO_4 \cdot 5H_2O$、锌粉。

五、实验内容

1. CuSO₄ 溶液的配制

在分析天平上称取 12.484g CuSO$_4$·5H$_2$O 放入烧杯中，加入适量的蒸馏水使其全部溶解，然后转移至 250mL 容量瓶中。用少量（每次约 10mL）蒸馏水将烧杯淋洗 3 次，将淋洗液全部倒入容量瓶中，最后加蒸馏水稀释至刻度。塞紧容量瓶瓶塞，将其反复翻转 10 次以上，使其中溶液充分混匀，得到浓度为 0.2000mol/L 的 CuSO$_4$ 溶液。

2. 热量计热容量的测定

首先用台秤称量干燥的热量计（包括胶塞、温度计、搅拌棒）的质量，然后用量筒量取 50mL 自来水加入其中，再称重，并记录两次称量的质量。慢慢搅拌几分钟，待体系温度稳定后，记录此时的温度读数 T_1。

另准备 50mL 热水（约比热量计中的水温高 20~25℃），准确测定水的温度 T_2 后，迅速倒入热量计中，盖好盖子并不断搅拌，同时注意升至最高点后，记录此时的温度读数 T_3。

3. 锌与硫酸铜反应热效应的测定

用 50mL 移液管吸取 100.00mL 0.2000mol/L CuSO$_4$ 溶液，放入干燥的热量计中，盖好盖子，在不断搅拌的条件下，每隔 20s 记录一次温度读数，至温度稳定至 T_4。再记录 5~8 个温度读数。

用台秤称取 3g 锌粉，加入热量计中，迅速盖紧盖子，与此同时开始记录时间及温度变化。在不断搅拌的条件下，每隔 20s 记录一次温度读数。至温度迅速上升时，可每隔 10s 记录一次温度读数。至温度升到最高点后，再记录 3~4min 的温度变化为止，该最高温度为 T_5。

六、数据记录与处理

1. 热量计热容量测定记录

室温：　　　　　　　大气压力：

测量温度 T_1：

t/s	0	20	40	60	……
温度 T_1/K					

测量温度 T_2：

t/s	0	20	40	60	……
温度 T_2/K					

测量温度 T_3：

t/s	0	20	40	60	……
温度 T_3/K					

2. 锌与硫酸铜反应热效应的测定记录

t/s	0	20	40	60	……
温度/K					

3. 热量计热容测定

冷水温度 $T_1=$

热水温度 $T_2=$

混合水温度 $T_3=$

热水降低温度 $T_2-T_3=$

冷水升高温度 $T_3-T_1=$

计算热量计热容 $K=C_水\dfrac{m_2(T_2-T_3)-m_1(T_3-T_1)}{T_3-T_1}=$

4. 锌与硫酸铜置换反应热 $\Delta_r H_m$ 的测定

硫酸铜溶液 $T_4=$

反应后溶液 $T_5=$

反应中升温 $\Delta T=T_5-T_4=$

溶液的体积 $V=$

硫酸铜或生成铜的物质的量 $n=$

热量计热容 $C_p=$

设溶液的比热容近似水的比热容 $C=4.18\text{J}/(\text{g}\cdot\text{K})$；溶液的密度近似水的密度 $\rho=1.0\text{g}/\text{mL}$，则反应的热效应：

$$\Delta_r H_m=\dfrac{Q_p}{n}=-\dfrac{1}{1000n}(C\rho V+K)\Delta T$$

已知在恒压下，上述置换反应的焓变 $\Delta_r H_m=-218.7\text{kJ}/\text{mol}$。计算实验相对误差并分析造成误差的原因。

实验二十二 乙酸解离度和解离平衡常数的测定（pH 法）

一、实验目的

1. 知识目标

掌握用 pH 计法测定 HAc 的解离度和解离平衡常数的原理和方法；加深对弱电解质解离平衡、弱电解质解离度、解离平衡常数与浓度之间关系的理解。

2. 技能目标

学习 pH 计的使用方法。

二、预习思考

1. 若改变所测 HAc 溶液的浓度和温度，HAc 的解离度和解离常数有无变化？
2. 配制乙酸溶液时为什么要使用干燥的烧杯？
3. 简述本实验中测定 HAc 解离平衡常数的原理。
4. 简述 pH 计的使用步骤。

三、实验原理和技能

1. 实验原理

乙酸（CH_3COOH，HAc）是一种弱电解质，在水中存在如下平衡：

$$\text{HAc(aq)} \rightleftharpoons \text{H}^+ + \text{Ac}^-\text{(aq)}$$

起始浓度/(mol/L)　　　　c　　　　　0　　　　　0

平衡浓度/(mol/L)　　$c-c\alpha$　　　$c\alpha$　　　$c\alpha$

解离常数为：　　$K_{\text{HAc}}=\dfrac{c(\text{H}^+)c(\text{Ac}^-)}{c(\text{HAc})}=\dfrac{(c\alpha)^2}{c-c\alpha}$

式中，α 为乙酸的解离度。在一定温度下，可以使用 pH 计测量一系列不同浓度的乙酸的 pH 值，然后由 $pH=-\lg c(H^+)$ 求得 $c(H^+)$，再由 $c(H^+)=c\alpha$ 求出对应的解离度 α 和解离平衡常数 K。

计算 K 的平均值，并与标准值 1.8×10^{-5} 比较，求出相对误差。

2. 实验技能
（1）学会标准缓冲溶液的配制，见附录 6。
（2）掌握移液管和吸量管的使用。
（3）掌握 pH 计的基本原理（见第二篇 4.2 节）。

四、主要仪器及试剂

1. 仪器
pH 计及相应电极、移液管（50mL）、吸量管（25mL）、烧杯（80mL）。

2. 试剂
已标定的 0.1mol/L HAc、标准缓冲溶液、滤纸碎片。

五、实验内容

1. 配制溶液
取 4 只干燥的 100mL 烧杯，编号，用移液管或吸量管按表 5-4 中四组数据分别准确取 HAc 与去离子水加入对应烧杯（取 HAc 与去离子水的移液管、吸量管要严格分开，一次取完所有的 HAc 再取所有的去离子水），并混合均匀。计算各烧杯中 HAc 的精确浓度，填入表 5-4 中。

表 5-4 不同浓度的醋酸解离度和解离平衡常数

实验编号	HAc 体积 /mL	H_2O 体积 /mL	HAc 浓度 /(mol/L)	pH	$c(H^+)$ /(mol/L)	α /%	K_{HAc}	K 的平均值

2. 测定乙酸溶液的 pH
使用 pH 计按照由稀到浓的顺序测定各组的 pH 值，并计算各组溶液的解离度 α 和解离平衡常数 K，填入表 5-4 中。

六、数据记录与处理
观察测定结果，并得到一定温度下浓度 c 与解离度 α 和解离平衡常数 K 的关系，把 K 的平均值与标准值比较，进行误差分析。

实验二十三 溶度积常数的测定（离子交换法）

一、实验目的

1. 知识目标
掌握离子交换树脂测定溶度积的原理和方法。

2. 技能目标

了解离子交换树脂的使用方法。

二、预习思考

1. 用离子交换法测定 $PbCl_2$ 溶度积的原理是什么？
2. 为什么要注意液面始终不得低于离子交换树脂的上表面？

三、实验原理和技能

1. 实验原理

常见难溶电解质溶度积的测定方法有电动势法、电导法、分光光度法、离子交换树脂法等，其实质均为测定一定条件下达到沉淀溶解平衡时溶液中相关离子的浓度，从而得到 K_{sp}。本实验选用离子交换树脂法测定难溶强电解质二氯化铅的溶度积 $K_{sp}(PbCl_2)$。

在一定温度下，难溶电解质 $PbCl_2$ 达成下列沉淀溶解平衡：

$$PbCl_2(s) \rightleftharpoons Pb^{2+}(aq) + 2Cl^-(aq)$$

平衡时： s $2s$

设 $PbCl_2$ 的溶解度为 s (mol/L)，则平衡时：$c(Pb^{2+})=s$，$c(Cl^-)=2s$，所以：

$$K_{sp}(PbCl_2) = c(Pb^{2+})c^2(Cl^-) = s(2s)^2 = 4s^3$$

或者：

$$K_{sp}(PbCl_2) = 4c^3(Pb^{2+})$$

如果 $PbCl_2$ 饱和溶液中 Pb^{2+} 的浓度 $c(Pb^{2+})$ 已知，即可求出 $K_{sp}(PbCl_2)$。

本实验是用强酸性阳离子交换树脂（用 RH 表示）与一定体积的 $PbCl_2$ 饱和溶液中的 Pb^{2+} 在离子交换柱中进行离子交换，其反应如下：

$$2RH + Pb^{2+} \rightleftharpoons R_2Pb + 2H^+$$

再用已知浓度的 NaOH 溶液滴定生成的 H^+：

$$OH^- + H^+ \rightleftharpoons H_2O$$

从而求出被交换的 Pb^{2+} 和 Cl^- 的浓度。

根据：

$$Pb^{2+} \sim 2H^+ \sim 2OH^-$$

设所取 $PbCl_2$ 饱和溶液的体积为 V_1；NaOH 浓度为 c_2，滴定所消耗 NaOH 体积为 V_2；

则 $PbCl_2$ 饱和溶液中 Pb^{2+} 的浓度为：$c(Pb^{2+}) = \dfrac{V_2 c_2}{2V_1}$

则：

$$K_{sp} = 4c^3(Pb^{2+}) = \dfrac{V_2^3 c_2^3}{2V_1^3}$$

2. 实验技能

(1) 掌握离子交换树脂装柱方法。

(2) 掌握离子交换树脂的使用和再生方法。

四、主要仪器及试剂

1. 仪器

离子交换柱、碱式滴定管、锥形瓶、烧杯、移液管、温度计。

2. 试剂

阳离子交换树脂、$PbCl_2$ 饱和溶液、酚酞指示剂、pH 试纸、0.05mol/L 的 NaOH 溶液、1.0mol/L 的 HCl 溶液。

五、实验内容

1. 装柱

向阳离子交换树脂中加入少量去离子水使形成"糊状",装入离子交换柱后,再加去离子水直至液面高于树脂2cm左右,确保树脂完全浸没在去离子水中。装柱时尽可能使树脂紧密,不留气泡。

2. 转型

向交换柱中加入20mL 1.0mol/L的HCl溶液,以40滴/min的流速通过交换柱,待柱中液面降至距树脂表面约1cm时,用去离子水淋洗树脂直到流出液用pH试纸检验呈中性为止。

3. 交换

用移液管准确吸取25.00mL $PbCl_2$ 饱和溶液于一洁净小烧杯中,转入离子交换柱内,控制流速约30滴/min,用一洁净的锥形瓶承接流出液。用适量去离子水洗涤烧杯3次,每次洗涤液均注入离子交换柱内,直至交换完毕(流出液用pH试纸检验呈中性为止)。在交换过程中应注意及时加入去离子水,防止树脂暴露在空气中。

4. 滴定

向锥形瓶中加入酚酞指示剂3滴,用已知浓度的NaOH溶液滴定至溶液颜色由无色变成淡红色且在30s内不褪色即可。记录NaOH的体积(V_2)。

六、数据记录与处理

将实验数据填入表5-5中。

表5-5 离子交换法测 $PbCl_2$ 溶度积常数的数据记录表

$PbCl_2$ 用量 V_1/mL	NaOH浓度 c_2/(mol/L)	NaOH体积/mL		NaOH用量 V_2/mL	$c(Pb^{2+})$ /(mol/L)	K_{sp}
		滴定后	滴定前			
25.00						

实验二十四 磺基水杨酸合铁(Ⅲ)配合物的组成及稳定常数的测定

一、实验目的

1. 知识目标

了解分光光度法测定配合物的组成及其稳定常数的原理和方法,了解分光光度计的工作原理。

2. 技能目标

学习用图解法处理实验数据的方法;进一步学习分光光度计的使用方法;进一步练习吸量管、容量瓶的使用。

二、预习思考

1. 用等摩尔系列法测定配合物组成时,为什么说溶液中金属离子的物质的量与配位体的物质的量之比正好与配离子组成相同时,配离子的浓度为最大?

2. 在测定吸光度时,如果温度变化较大,对测得的稳定常数有何影响?

3. 本实验为什么用 $HClO_4$ 溶液作空白溶液?为什么选用500nm波长的光源来测定溶

液的吸光度？

4. 使用分光光度计要注意哪些操作？

三、实验原理和技能

1. 实验原理

磺基水杨酸的一级解离平衡常数 $K_1^{\ominus}=3\times10^{-3}$，与 Fe^{3+} 可以形成稳定的配合物，因溶液的 pH 不同，配合物的组成也不同。

$$M+nL \rightleftharpoons ML_n$$

磺基水杨酸和 Fe^{3+} 在 pH 值为 2～3 时，生成紫红色的螯合物 ML（有一个配位体，电荷省略，下同）；在 pH 值为 4～9 时生成棕橙色螯合物 ML_2（有两个配位体）；在 pH 值为 9～11.5 时，生成黄色螯合物 ML_3（有三个配位体）；pH＞12 时，有色螯合物被破坏而生成 $Fe(OH)_3$ 沉淀。

因为磺基水杨酸是无色的，Fe^{3+} 溶液的浓度很稀，也可以认为是无色的，只有磺基水杨酸合铁（Ⅲ）配离子是有色的，因此溶液的吸光度只与配离子的浓度成正比。通过对溶液吸光度的测定，可以求出该配离子的组成。

本实验用等摩尔系列法进行测定。所谓等摩尔系列法就是用一定波长的单色光，保持溶液中金属离子的浓度（c_M）与配体的浓度（c_L）的总和不变（即总的物质的量不变，而中心离子 M 和配体 L 的摩尔分数连续变化）的前提下，改变磺基水杨酸与 Fe^{3+} 的相对量配制一系列溶液并测定溶液的吸光度。显然，在这一系列溶液中，有一些溶液的金属离子是过量的，而另一些溶液的配位体是过量的；在这两部分溶液中，配离子的浓度都不可能达到最大值，只有当溶液中金属离子与配位体的物质的量之比与配离子的组成一致时，配离子的浓度才能最大。由于中心离子和配位体基本无色，所以配离子的浓度越大，溶液颜色越深，其吸光度也就越大。因此，本实验将用吸收光光度法测定 pH＜2.5 时所形成的红紫色的磺基水杨酸合铁（Ⅲ）配离子的组成及其稳定常数 K_f，此时配合物颜色最深，吸光度最大，相对误差最小。

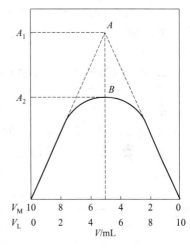

图 5-5 配合物组成的测定

若以吸光度对配位体的摩尔分数作图，则从图上的最大吸收峰处可以求得有关配合物组成的 n 值。如图 5-5 所示，根据最大吸收处金属离子 M 和配体 L 的比例，可以看出：

$$\text{配体摩尔分数} = \frac{\text{配体物质的量}}{\text{总物质的量}} = 0.5$$

$$n = \frac{\text{配体摩尔分数}}{\text{中心离子摩尔分数}} = \frac{0.5}{0.5} = 1$$

由此可知该配合物的组成为 ML。

最大吸光度 A 点可被认为 M 和 L 全部形成配合物时的吸光度，其值为 A_1。由于配离子有一部分解离，其浓度再稍小些，所以实验测得的最大吸光度在 B 点，其值为 A_2，因此配离子的解离度 α 可表示为：

$$\alpha = \frac{A_2}{A_1}$$

再根据 1∶1 组成配合物的关系式即可导出稳定常数 K_f。

$$\begin{array}{cccc} & M & + & L & \rightleftharpoons & ML \\ \text{起始浓度} & c & & c & & 0 \\ \text{平衡浓度} & c\alpha & & c\alpha & & c-c\alpha \end{array}$$

$$K_f = \frac{c(ML)}{c(M)c(L)} = \frac{1-\alpha}{c\alpha^2}$$

2. 实验技能

掌握分光光度计的使用；学会工作曲线的绘制；掌握吸量管、容量瓶的使用操作。

四、主要仪器及试剂

1. 仪器

紫外-可见分光光度计、烧杯（100mL）、容量瓶（100mL）、移液管（10mL）、洗耳球、玻璃棒、擦镜纸。

2. 试剂

$HClO_4$（0.01mol/L）、磺基水杨酸（0.0100mol/L）、$(NH_4)Fe(SO_4)_2$（0.0100mol/L）。

五、实验步骤

1. 溶液的配制

① 配制 0.0010mol/L Fe^{3+} 溶液 用移液管吸取 10.00mL 0.0100mol/L 的 $(NH_4)Fe(SO_4)_2$ 溶液，注入 100mL 容量瓶中，用 0.01mol/L 的 $HClO_4$ 溶液稀释至刻度，摇匀，备用。

② 配制 0.0010mol/L 的磺基水杨酸溶液 用移液管量取 10.00mL 0.0100mol/L 的磺基水杨酸溶液，注入 100mL 容量瓶中，用 0.01mol/L 的 $HClO_4$ 溶液稀释至刻度，摇匀，备用。

2. 系列配离子（或配合物）溶液吸光度的测定

① 用移液管按表 5-6 中所示的体积取各溶液，分别注入已编号的 100mL 容量瓶中，用 0.01mol/L $HClO_4$ 定容。

② 用波长扫描方式对其中的 5 号溶液进行扫描，得到吸收曲线，确定最大吸收波长。

③ 选取步骤②所确定的扫描波长，在该波长下，分别测定各待测溶液的吸光度，并记录已稳定的读数。

表 5-6 系列配离子（或配合物）溶液的配置

编号	摩尔比	0.001mol/L Fe^{3+}/mL	0.001mol/L 磺基水杨酸/mL	0.01mol/L $HClO_4$/mL
0	0	0	10	用 0.01mol/L $HClO_4$ 定容到 100mL
1	0.1	1.00	9.00	
2	0.2	2.00	8.00	
3	0.3	3.00	7.00	
4	0.4	4.00	6.00	
5	0.5	5.00	5.00	
6	0.6	6.00	4.00	
7	0.7	7.00	3.00	
8	0.8	8.00	2.00	
9	0.9	9..00	1.00	
10	1	10	0	

六、数据记录与处理

1. 实验数据记录

将测得的吸光度值记录并填入表 5-7 中。

表 5-7　系列配离子（或配合物）溶液的吸光度

摩尔比:Fe/(Fe+磺基水杨酸)	0	0.1	0.2	0.3	0.4	0.5	0.6	0.7	0.8	0.9	1
A（吸光度）											

2. 用等摩尔系列法确定配合物组成

根据表 5-7 中的数据，作吸光度 A 对摩尔比的关系图。将两侧的直线部分延长，交于一点，由交点确定配位数 n。

3. 磺基水杨酸合铁(Ⅲ)配合物的组成及其稳定常数的计算

从图中找出 A_1 值和 A_2 值，求出配离子的解离度 α 和稳定常数 K_f。

$$\alpha = \frac{A_2}{A_1} \qquad K_f = \frac{c(\mathrm{ML})}{c(\mathrm{M})c(\mathrm{L})} = \frac{1-\alpha}{c\alpha^2}$$

第六篇

定量分析化学实验

实验二十五　盐酸和氢氧化钠溶液的标定

一、实验目的
1. 知识目标
学会用基准物质标定标准溶液浓度的方法。
2. 技能目标
掌握酸碱滴定管、分析天平、容量瓶的使用，酸碱指示剂的选择及终点的判定。

二、预习思考
1. 称取邻苯二甲酸氢钾于烧杯中加水 50mL 溶解，此时用量筒取还是用移液管吸取？为什么？
2. 称取邻苯二甲酸氢钾 0.4～0.6g 是如何得到的？若标定的 NaOH 浓度为 0.5mol/L，则应称取邻苯二甲酸氢钾多少克？
3. 配制 HCl 标准溶液时，是否一定要用容量瓶配制？

三、实验原理和技能
1. 实验原理
酸碱滴定中常用 HCl、NaOH、H_2SO_4 等溶液作为标准溶液。酸碱标准溶液一般不宜直接配制，而是先配成近似浓度，然后用基准物质标定。

（1）标定酸的基准物质常用无水碳酸钠或硼砂。例如用无水碳酸钠标定 HCl 的反应分两步进行：

$$Na_2CO_3 + HCl =\!=\!= NaHCO_3 + NaCl$$
$$NaHCO_3 + HCl =\!=\!= NaCl + H_2O + CO_2$$

反应完全时，pH 值的突跃范围是 3.5～5.0，故可选用甲基橙或甲基红作指示剂。

（2）标定碱的基准物质常用草酸、邻苯二甲酸氢钾和标准酸溶液。例如用邻苯二甲酸氢钾标定 NaOH 溶液的反应为：

$$KHC_8H_4O_4 + NaOH =\!=\!= KNaC_8H_4O_4 + H_2O$$

由于滴定后产物是 $KNaC_8H_4O_4$，溶液呈弱碱性，pH 值为 8～9，故选用酚酞作指示剂。

2. 实验技能
（1）0.1mol/L HCl 标准溶液配制

用干净的量筒量取浓 HCl 2.0mL 于 250mL 容量瓶中,用蒸馏水稀释至刻度线。充分摇匀后,贴上标签备用。

(2) 0.1mol/L NaOH 标准溶液配制

在台秤上称取固体 NaOH 2.00g 于小烧杯中,加入刚煮沸过的 250mL 蒸馏水(不含 CO_2)溶解,转移到 500mL 试剂瓶中,充分摇匀后,贴上标签备用。

四、主要仪器及试剂

1. 仪器

台秤、分析天平、称量瓶、量筒、烧杯、滴定管、容量瓶等。

2. 试剂

浓 HCl、固体 NaOH、无水 Na_2CO_3、邻苯二甲酸氢钾、甲基橙、酚酞等。

五、实验内容

1. 0.1mol/L HCl 标准溶液的标定

在分析天平上准确称取无水 Na_2CO_3 0.15~0.2 g(准确至 0.0001g)2~3 份,分别置于 250mL 锥形瓶中,加 20~30mL 蒸馏水溶解后,加 2 滴甲基橙,用待标定的 HCl 溶液滴定至溶液由黄色刚好变为橙色即为终点,记录消耗盐酸标准溶液的体积 V,按下式计算 HCl 的准确浓度:

$$c(\text{HCl}) = \frac{2m(\text{Na}_2\text{CO}_3)}{V(\text{HCl})M(\text{Na}_2\text{CO}_3)} \times 1000$$

2. 0.1mol/L NaOH 标准溶液的标定

在分析天平上准确称取邻苯二甲酸氢钾 0.4~0.6 g(准确至 0.0001 g)两份,各置于 250mL 锥形瓶中,每份加不含 CO_2 的蒸馏水 100mL,加两滴酚酞,用待标定的 NaOH 溶液滴定溶液呈微红色,且 30s 内红色不消失即为终点,记下消耗 NaOH 标准溶液的体积 V,按下式计算 NaOH 的准确浓度:

$$c(\text{NaOH}) = \frac{m(\text{KHC}_8\text{H}_4\text{O}_4)}{V(\text{NaOH})M(\text{KHC}_8\text{H}_4\text{O}_4)} \times 1000$$

实验二十六　食醋溶液中 HAc 含量的测定

一、实验目的

1. 知识目标

(1) 掌握食醋中总酸量测定的原理和方法。

(2) 掌握指示剂的选择原则。

2. 技能目标

熟悉天平、移液管、容量瓶、滴定管的使用方法;练习滴定终点的判断、指示剂的选择方法。

二、预习思考

1. 测定食醋含量时,所用的蒸馏水为什么不能含 CO_2?

2. 测定食醋含量时,能否用甲基橙作指示剂?

三、实验原理和技能
1. 实验原理

食醋中主要成分是 CH_3COOH（含量 3%~5%），此外还有少量其他有机弱酸。它们与 NaOH 溶液的反应为：

$$NaOH + CH_3COOH \longrightarrow CH_3COONa + H_2O$$
$$n\,NaOH + H_nA \longrightarrow Na_nA + n\,H_2O$$

用 NaOH 标准溶液滴定时，只要 $K_a \geqslant 10^{-7}$ 的弱酸都可以被滴定，因此测出的是总酸量。分析结果用含量最多的 HAc 来表示。由于是强碱滴定弱酸，滴定突跃在碱性范围内，终点的 pH 值在 8.7 左右，通常选用酚酞作指示剂。

2. 实验技能

掌握天平、移液管、容量瓶、滴定管的使用方法，滴定终点的判断、指示剂的选择方法。

四、主要仪器及试剂
1. 仪器

移液管（10mL，25mL）、容量瓶（100mL）、酸式滴定管（50mL）、量筒。

2. 试剂

食醋、酚酞指示剂、NaOH 标准溶液（约 0.1mol/L）。

五、实验内容

用移液管吸取 10.00mL 食醋原液移入 100mL 容量瓶中，用无 CO_2 的蒸馏水稀释到刻度，摇匀。用 25mL 移液管移取已稀释的食醋三份，分别放入 250mL 锥形瓶中，各加两滴指示剂，摇匀。用氢氧化钠标准溶液滴定至溶液呈粉红色，30s 内不褪色，即为滴定终点，根据氢氧化钠标准溶液的浓度和滴定时消耗的体积 V，可以计算出食醋的总酸量 $\rho(HAc)$（单位为 g/L）。

$$\rho(HAc) = \frac{c(NaOH)V(NaOH)M(HAc)}{10.00 \times \dfrac{25.00}{100.0}}$$

六、注意事项

1. 食醋中 HAc 的浓度较大，并且颜色较深，必须稀释后再测定。
2. 如食醋的颜色较深时，经稀释或活性炭脱色后，颜色仍明显时，则终点无法判断。
3. 稀释食醋的蒸馏水应经过煮沸，除去 CO_2。

实验二十七　双指示剂法测定混合碱的组分和含量

一、实验目的
1. 知识目标

掌握双指示剂法测定混合碱各组分含量的原理和方法。

2. 技能目标

学习和掌握移液管、滴定管的使用，滴定终点的判断，指示剂的选择方法。

二、预习思考

1. 如何判断混合碱液的组成（即 NaOH、Na_2CO_3 和 $NaHCO_3$ 三种组分中含哪两种）？

如何计算它们的含量？

2. 欲测定混合碱的总碱度，应选择何种指示剂？

三、实验原理和技能

1. 实验原理

混合碱是 Na_2CO_3 与 NaOH 或 Na_2CO_3 与 $NaHCO_3$ 的混合物。欲测定试样中各组分的含量，可采用两种不同的指示剂来测定，即所谓"双指示剂法"。此法简便、快速，但误差较大。采用混合指示剂可以提高分析的准确度。

本实验所用的双指示剂是酚酞和甲基橙。在混合碱试液中先加入酚酞指示剂，用 HCl 标准溶液滴定至红色恰好褪去。此时试液中所含 NaOH 完全被中和，Na_2CO_3 也被滴定成 $NaHCO_3$，反应如下：

$$NaOH + HCl = NaCl + H_2O$$
$$Na_2CO_3 + HCl = NaCl + NaHCO_3$$

此时消耗 HCl 标准溶液的体积为 V_1。再加入甲基橙指示剂，继续用 HCl 标准溶液滴定至溶液由黄色变为橙色即为终点。此时 $NaHCO_3$ 全被中和，生成 H_2CO_3，后者分解为 CO_2 和 H_2O，反应如下：

$$NaHCO_3 + HCl = NaCl + H_2O + CO_2 \uparrow$$

此时消耗 HCl 标准溶液的体积为 V_2。根据 V_1 和 V_2 可以判断出此混合碱的组成，并计算出各自的含量。当 $V_1 > V_2$ 时，试液为 NaOH 与 Na_2CO_3 的混合物；当 $V_1 < V_2$ 时，试液为 Na_2CO_3 与 $NaHCO_3$ 的混合物。

2. 实验技能

学习和掌握移液管、滴定管的使用，滴定终点的判断，指示剂的选择方法。

四、主要仪器及试剂

1. 仪器

分析天平、称量瓶、烧杯、玻璃棒、洗瓶、容量瓶、锥形瓶、移液管、酸式滴定管。

2. 试剂

HCl 标准溶液约 0.1mol/L、混合碱试样。

五、实验内容

用移液管吸取混合碱液试样 25.00mL 置于 250mL 锥形瓶中，加酚酞指示剂 1 滴，用 HCl 标准溶液滴定，滴定至酚酞恰好褪色为止，记下 HCl 标准溶液的耗用量 V_1。在此溶液中再加 1 滴甲基橙指示剂，此时溶液呈黄色，继续用 HCl 标准溶液滴定至溶液呈橙色即为终点，记下 HCl 标准溶液的耗用量 V_2。根据 V_1 和 V_2 值的大小，判断此混合碱的组成，平行测定三次，并分别求出各自含量。

实验二十八　铵盐中含氮量的测定（甲醛法）

一、实验目的

1. 知识目标

（1）掌握甲醛法测定铵盐中含氮量的原理。

（2）学会用酸碱滴定法间接测定氮肥中的含氮量。

2. 技能目标

学会配制中性 HCHO 溶液，掌握称量方法、滴定操作及滴定终点的判断。

二、预习思考

1. 本实验为什么用酚酞作指示剂，能否用甲基橙为指示剂？
2. $(NH_4)_2SO_4$ 能否用标准碱直接滴定？为什么？
3. 能否用甲醛法来测定 NH_4NO_3、NH_4Cl、NH_4HCO_3 中的氮含量？

三、实验原理和技能

1. 实验原理

由于 $NH_3 \cdot H_2O$ 的 $K_b = 1.8 \times 10^{-5}$，它的共轭酸 NH_4^+ 的 $K_a = 5.6 \times 10^{-10}$，所以铵盐中的氮含量不能用标准碱直接滴定，但可用间接法来测定。

硫酸铵的测定常用甲醛法，铵离子与 HCHO 迅速反应而生成等物质的量的酸 $[H^+$ 和质子化的六亚甲基四胺盐（$K_a = 7.1 \times 10^{-6}$）$]$，其反应式为：

$$4NH_4^+ + 6HCHO = (CH_2)_6NH_4^+ + 3H^+$$

生成的酸可用酚酞作指示剂，用标准 NaOH 溶液滴定。

甲醛法也可以用于测定有机化合物中的氮，但需将样品预处理，使其转化为铵盐而后再进行测定。

2. 实验技能

掌握中性 HCHO 溶液的配制方法。

甲醛中常含有微量的酸，应事先除去。其方法如下：取原瓶装甲醛上层清液于烧杯中，用水稀释一倍，加 1~2 滴酚酞指示剂，用 0.1000mol/L 的 NaOH 标准溶液滴定至甲醛溶液呈现淡粉红色。

四、主要仪器及试剂

1. 仪器

碱式滴定管、分析天平。

2. 试剂

NaOH 标准溶液（0.1000mol/L）、HCHO、$(NH_4)_2SO_4$、酚酞指示剂。

五、实验内容

准确称取 0.18 g 左右 $(NH_4)_2SO_4$ 试样三份，分别置于 250mL 锥形瓶中，加 50mL 的水溶解，加入 10mL 20% 的中性甲醛溶液，1 滴酚酞指示剂，充分摇动后，静置 1min，使反应完全，最后，用 0.1000mol/L NaOH 标准溶液滴定至粉红色。按下式计算氮的质量分数。

$$w(N) = \frac{c(NaOH)V(NaOH)M(N)}{m_{样} \times 1000}$$

实验二十九　凯氏定氮法测定奶粉中的蛋白质

一、实验目的

1. 知识目标

掌握凯氏定氮法的方法和原理。

2. 能力目标

掌握样品的消化方法、凯氏定氮仪的使用和混合指示剂的使用。

二、预习思考

1. 凯氏定氮法的原理是什么？
2. 为什么用溶液 H_3BO_3 作吸收液，它对后面测定有无影响？用 HAc 溶液作吸收液可以吗？为什么？

三、实验原理和技能

1. 实验原理

有机物中的氮在热浓 H_2SO_4 和 $CuSO_4$ 作用下，消化生成 $(NH_4)_2SO_4$，在凯氏定氮器中与碱作用，通过蒸馏释放出 NH_3，收集于 H_3BO_3 溶液中。再用已知浓度的 HCl 标准溶液滴定，根据 HCl 消耗的量计算出氮的含量，然后乘以相应的换算因子，即得蛋白质含量。反应式如下：

$$H_2SO_4 =\!=\!= SO_2 + H_2O + [O]$$
$$R-CH(NH_2)-COOH + [O] =\!=\!= R-CO-COOH + NH_3$$
$$R-CO-COOH + [O] =\!=\!= nCO_2 + H_2O$$
$$2NH_3 + H_2SO_4 =\!=\!= (NH_4)_2SO_4$$
$$NH_4^+ + OH^- =\!=\!= NH_3 + H_2O$$
$$NH_3 + H_3BO_3 =\!=\!= NH_4^+ + H_2BO_3^-$$
$$H_2BO_3^- + H^+ =\!=\!= H_3BO_3$$

2. 实验技能

甲基红-溴甲酚绿混合指示剂的配制：将一份0.2%的甲基红指示剂和三份0.1%溴甲酚绿指示剂混合均匀。

四、主要仪器及试剂

1. 仪器

100mL 凯氏烧瓶、凯氏定氮装置（图6-1）、100mL 容量瓶、10mL 移液管、10mL 酸式滴定管、玻璃珠。

2. 试剂

0.05mol/L HCl 标准溶液、2% H_3BO_3、浓 H_2SO_4、50% NaOH、固体 K_2SO_4、固体 $CuSO_4 \cdot 5H_2O$、沸石、甲基红-亚甲基蓝混合指示剂或甲基红-溴甲酚绿混合指示剂。

五、实验内容

（1）准确称取一定量的奶粉试样（0.5g左右），置于凯氏烧瓶内，加入 8～9g K_2SO_4、0.4g $CuSO_4 \cdot 5H_2O$ 及 15mL 浓 H_2SO_4，加数粒玻璃珠，缓慢加热，并小心地尽量减少泡沫产生，防止溶液外溅，使试样全部浸于 H_2SO_4 内。试样中泡沫消失后，即加大火力至溶液澄清，再继续加热约 1h，冷却至室温。沿瓶壁加入 50mL 纯水，溶解盐类，冷却，转入 100mL 容量瓶中，以纯水冲洗烧瓶数次，洗液并入容量瓶中，加水至刻度，摇匀。

（2）按图 6-1 装好凯氏定氮装置。向蒸气发生器的水中加数滴混合指示剂、几滴 H_2SO_4 及数粒沸石，在整个蒸馏过程中需保持此液为橙红色，否则补加 H_2SO_4。吸收液为 20mL 2% 的 H_3BO_3 溶液，其中加 2 滴混合指示剂，接收时使装置的冷凝管下口浸入吸收液

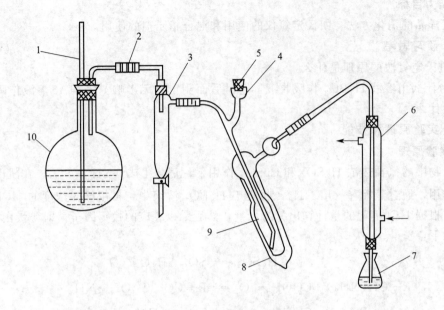

图 6-1 凯氏定氮装置
1—安全管;2—导管;3—气水分离管;4—试样入口;5—塞子;
6—冷凝管;7—吸收瓶;8—隔热液套;9—反应管;10—蒸气发生器

的液面之下。

(3) 移取 10.00mL 试样消化液,经进样口注入反应室内,用少量水冲洗进样口,然后加入 10mL 50%NaOH 溶液于反应室内,塞好玻璃塞,防止氨逸出,从开始回流计时,蒸馏 4min,移动冷凝管下口使其离开吸收液液面。再蒸馏 1 min,用纯水洗冷凝管下口,洗液流入吸收液内。

(4) 用 0.05mol/L HCl 标准溶液滴定上述吸收液至暗红色为终点,记录消耗 HCl 溶液的体积。计算奶粉中蛋白质的含量。

$$w(\mathrm{N})=\frac{c(\mathrm{HCl})\dfrac{V(\mathrm{HCl})}{1000}M(\mathrm{N})}{m_{\text{试样}}\times\dfrac{10.00}{100.00}}\times 100\%$$

$$w(\text{蛋白质})=\text{总氮量}\times K$$

式中,K 为换算因数。各种食品的蛋白质换算因数稍有差别,乳类为 6.38,大米为 5.95,花生为 5.46 等,测定这些食物蛋白质时,应将测得的含量乘以各自的因数。

六、注意事项

1. 消化试样要在通风橱内进行,烧瓶应洗净、干燥,移入试样防止黏附在颈内壁上。
2. 蒸馏时向反应室内加 NaOH 动作要快,塞子要塞严,防止 NH_3 逸出。
3. 蒸馏时,火力应均匀。不得中途停火。
4. 在测定前,应先用标准 $(NH_4)_2SO_4$ 测定氮的回收率,借以验证所用仪器、试剂及操作等条件的可靠性,氮回收率应在 95%~105% 之间。

实验三十　食盐中氯含量的测定（莫尔法）

一、实验目的

1. 知识目标

（1）学习 $AgNO_3$ 标准溶液的配制方法。

（2）掌握莫尔法测定氯离子的方法原理及测定条件。

2. 技能目标

掌握 NaCl 基准物质的干燥方法，分析天平、移液管和容量瓶的使用方法。

二、预习思考

1. 滴定过程中为什么要剧烈振荡？
2. 指示剂的用量对测定结果有何影响？

三、实验原理和技能

1. 实验原理

滴定反应方程式：

$$Ag^+ + Cl^- =\!=\!= AgCl\downarrow（白色沉淀）$$

$$2Ag^+ + CrO_4^{2-} =\!=\!= Ag_2CrO_4\downarrow（砖红色沉淀）$$

为保证在化学计量点时恰好生成砖红色 Ag_2CrO_4 沉淀，CrO_4^{2-} 的浓度应控制在 5.0×10^{-3} mol/L 左右为宜。过大或过小都会影响指示终点的正确性。

应用莫尔法测定时酸度应控制在 pH 值为 6.5～10.5（中性或弱碱性）的条件下进行。

2. 实验技能

掌握 NaCl 基准物的干燥方法、0.1mol/L $AgNO_3$ 标准溶液的配制和 0.1mol/L $AgNO_3$ 标准溶液的标定方法。

四、主要仪器及试剂

1. 仪器

酸式滴定管、分析天平、容量瓶（250mL）、烧杯、锥形瓶。

2. 试剂

5% K_2CrO_4 溶液、$AgNO_3$（分析纯）、NaCl（分析纯）、食盐。

五、实验内容

1. 0.1mol/L $AgNO_3$ 标准溶液的标定

减量法准确称取 0.15～0.20 g 的 NaCl 基准物于 250mL 锥形瓶中，加蒸馏水 25mL 溶解，然后加 5% K_2CrO_4 溶液 1mL，边剧烈振荡，边滴加 $AgNO_3$ 溶液，至生成的砖红色沉淀不褪去。记录 $AgNO_3$ 所耗体积，平行测定三次。计算 $AgNO_3$ 溶液物质的量浓度的平均值。

2. 食盐中氯含量的测定

准确称取 2.0 g 左右的食盐样品于烧杯中，加水溶解后，转移到 250mL 容量瓶中定容。用移液管移取 25.00mL 上述溶液于锥形瓶中，加 5% K_2CrO_4 溶液 1mL，用 $AgNO_3$ 标准溶液在剧烈的振荡下进行滴定，直至砖红色沉淀振荡不褪去为止。记录消耗 $AgNO_3$ 标准溶液的体积。平行测定三次，按下式计算食盐中氯的含量。

$$w(\text{Cl}) = \dfrac{c(\text{AgNO}_3) \times \dfrac{V(\text{AgNO}_3)}{1000} M(\text{Cl})}{\dfrac{25.00}{250.0} m_{样}}$$

实验三十一　EDTA 标准溶液的配制和标定

一、实验目的

1. 知识目标

（1）学习 EDTA 标准溶液的配制和标定方法。

（2）了解配位滴定的特点和金属指示剂的使用及终点颜色变化。

2. 技能目标

掌握 EDTA 溶液的配制、铬黑 T 指示剂的配制、称量方法（减量法）、滴定操作、铬黑 T 指示剂终点的判断等。

二、预习思考

1. 为什么要用间接法配制 EDTA 标准溶液？

2. 配位滴定过程中为什么加缓冲溶液？

三、实验原理和技能

1. 实验原理

乙二胺四乙酸（简称 EDTA）难溶于水，常温下溶解度为 0.0007mol/L（约 0.2g/L），不适合分析中应用。其二钠盐溶解度较大，为 0.3mol/L（约 120g/L），故通常用乙二胺四乙酸二钠盐（亦称 EDTA）配制标准溶液，一般采用间接法配制标准溶液。

标定 EDTA 溶液所用基准物质有 Zn、ZnO、$CaCO_3$ 和 $MgSO_4 \cdot 7H_2O$ 等，一般选用与被测组分含有相同金属离子的基准物质进行标定。这样分析条件相同，误差可以减小。

2. 实验技能

学会 0.01mol/L EDTA 标准溶液的配制、NH_3-NH_4Cl 缓冲溶液（pH=10）的配制和铬黑 T 指示剂的配制。

四、主要仪器及试剂

1. 仪器

细口瓶（500mL）、滴定管（50mL）、烧杯、移液管、容量瓶。

2. 试剂

乙二胺四乙酸二钠（固体，AR）、$MgSO_4 \cdot 7H_2O$（固体，AR）、铬黑 T 指示剂、NH_3-NH_4Cl 缓冲溶液（pH=10）。

五、实验内容

1. 0.01mol/L EDTA 标准溶液的配制

称取优级纯（或分析纯）EDTA 二钠盐（含两分子结晶水）1.9 g 于 250mL 烧杯中，加蒸馏水 150mL，加热溶解，必要时过滤。冷却后用蒸馏水稀释至 500mL，摇匀，保存在细口瓶中。

2. EDTA 溶液的标定

准确称量优级纯 $MgSO_4 \cdot 7H_2O$ 0.6~0.7g 于 150mL 烧杯中，加适量蒸馏水溶解，然后将其溶液定量地转移到 250mL 容量瓶中，用蒸馏水稀释至刻度，摇匀。

用 25mL 移液管移取上述溶液 25.00mL 于 250mL 锥形瓶中，加蒸馏水 30mL，逐滴加入 1∶1 氨水至溶液呈中性。再加入缓冲溶液 10mL，指示剂铬黑 T 约 0.1g（至溶液透明清亮），摇匀，用 EDTA 溶液滴定至溶液由酒红色变为纯蓝色即为终点。平行测定三次，根据 $MgSO_4·7H_2O$ 的重量和用去的 EDTA 溶液的体积计算出 EDTA 的准确浓度（$MgSO_4·7H_2O$ 的摩尔质量为 246.5g/mol）。

$$c(EDTA) = \frac{m(MgSO_4·7H_2O) \times \frac{1}{10} \times 1000}{V(EDTA) \times 246.5}$$

实验三十二　水硬度的测定

一、实验目的

1. 知识目标

(1) 了解水硬度的表示方法和测定意义。
(2) 熟悉水硬度测定的基本原理。

2. 技能目标

掌握钙指示剂的配制、滴定操作、铬黑 T 及钙指示剂终点的判断。

二、预习思考

1. 用 EDTA 测定水的总硬度时，如何控制溶液酸度？选择什么指示剂？
2. 滴定到终点时，溶液的纯蓝色是哪一种物质的颜色？

三、实验原理和技能

1. 实验原理

含有钙盐和镁盐的水叫硬水（硬度小于 6 度的水一般称为软水）。硬水有暂时硬水和永久硬水之分。

暂时硬水：水中含有钙、镁的酸式碳酸盐，这些酸式碳酸盐遇热分解成碳酸盐沉淀而失去其硬性。

永久硬水：水中含有钙、镁、硫酸盐、氯化物、硝酸盐，在加热时不沉淀（但在锅炉中溶解度低时可以析出成为锅垢）。

水的硬度有多种表示方法。有的将水中的盐类折算成 $CaCO_3$，以 $CaCO_3$ 的量作标准。也有的将盐量折成 CaO，以 CaO 表示。水的总硬度过去常采用以度"°"计，1 硬度单位表示十万份水中含 1 份 CaO，记作 $1° = 10 \times 10^{-6}$ CaO。水的总硬度现在常用 mmol/L 来表示，即每一升水中含有多少毫摩尔氧化钙或消耗 EDTA 多少毫摩尔。

许多工农业生产不能用硬水，所以应事先分析水中钙盐和镁盐的含量。测定水的硬度，就是测定水中钙、镁含量而折算成 CaO，然后用硬度单位表示。也可用水中钙镁的毫克数表示。

用 EDTA 测定钙、镁常用方法是，先测定钙镁的总含量，再测钙量，然后由钙镁总量和钙的含量，求出镁的含量。

2. 实验技能

掌握钙指示剂的配制，铬黑 T、钙指示剂终点的判断。

四、主要仪器及试剂

1. 仪器

50mL 滴定管、250mL 锥形瓶。

2. 试剂

0.01000mol/L EDTA 标准溶液、NH_3-NH_4Cl 缓冲溶液（pH=10）、10%NaOH 溶液、铬黑 T 指示剂、钙指示剂。

五、实验内容

1. 总硬度的测定

取澄清的水样 50.00mL，置于 250mL 锥形瓶中，加 10mL pH 10.0 的缓冲溶液，摇匀。再放入适量（至溶液颜色清亮）铬黑 T 指示剂，再摇匀。此时溶液呈酒红色，以 0.01000mol/L EDTA 标准溶液滴定至溶液刚好转变为纯蓝色，即为终点，记录 EDTA 标准溶液的用量 V_1。平行测定三次。

2. 钙含量的测定

另取澄清水样 50.00mL 于 250mL 锥形瓶中，加 2mL 10%NaOH 溶液，摇匀。加适量（至溶液颜色清亮）钙指示剂，再摇匀。此时溶液呈红色，用 0.01000mol/L EDTA 标准溶液滴定至溶液刚好转变为纯蓝色即为终点。记录 EDTA 标准溶液的用量 V_2。平行测定三次。

3. 镁含量的确定

由钙镁总量减去钙含量即为镁含量。

根据以上数据按下式计算水样的总硬度和每升水样中 Ca^{2+}、Mg^{2+} 的物质的量（mmol）。

$$总硬度:c(CaO)(mmol/L)=\frac{V_1 c(EDTA)}{V_水}\times 1000$$

$$钙硬度:c(Ca^{2+})(mmol/L)=\frac{V_2 c(EDTA)}{V_水}\times 1000$$

$$镁硬度:c(Mg^{2+})(mmol/L)=\frac{(V_1-V_2)c(EDTA)}{V_水}\times 1000$$

实验三十三　高锰酸钾标准溶液的配制与标定

一、实验目的

1. 知识目标

了解 $KMnO_4$ 标准溶液的配制方法和保存条件。

2. 技能目标

掌握 $Na_2C_2O_4$ 作基准物质标定 $KMnO_4$ 浓度的方法。

二、预习思考

1. $KMnO_4$ 标准溶液为什么不能直接配制？

2. 标定 $KMnO_4$ 溶液时，为什么第一滴 $KMnO_4$ 的颜色褪色很慢，以后反而逐渐加快？

3. 为什么标定需在强酸性溶液中，并在加热的情况下进行？酸度过低对滴定有何影响？温度过高又有何影响？

三、实验原理和技能

1. 实验原理

$Na_2C_2O_4$ 和 $H_2C_2O_4 \cdot 2H_2O$ 是较易纯化的还原剂，也是标定 $KMnO_4$ 常用的基准物。用 $Na_2C_2O_4$ 标定 $KMnO_4$ 溶液的反应如下：

$$2MnO_4^- + 5C_2O_4^{2-} + 16H^+ =\!=\!= 2Mn^{2+} + 10CO_2 + 8H_2O$$

此反应要在酸性、较高温度和 Mn^{2+} 作催化剂的条件下进行。滴定初期，反应很慢，$KMnO_4$ 溶液必须逐滴加入。

2. 实验技能

掌握 0.02mol/L $KMnO_4$ 标准溶液的配制、高锰酸钾法的滴定条件和滴定终点的判断。

四、主要仪器和试剂

1. 仪器

台秤、分析天平、微孔玻璃漏斗、250mL 锥形瓶、容量瓶、移液管、酸式滴定管。

2. 试剂

$KMnO_4$ 固体、3mol/L H_2SO_4、$Na_2C_2O_4$（分析纯）。

五、实验内容

1. 0.02mol/L $KMnO_4$ 标准溶液的配制

称取 $KMnO_4$ 固体约 1.6g 溶于 500mL 水中，盖上表面皿，加热至沸并保持微沸状态 1h。冷却后，用微孔漏斗过滤。滤液储存于棕色试剂瓶中。

2. $KMnO_4$ 溶液的标定

在分析天平上，称取 0.16～0.20g $Na_2C_2O_4$ 3 份，分别置于 250mL 锥形瓶中，加蒸馏水 50mL，使其溶解。加入 3mol/L H_2SO_4 溶液 10mL，加热至 75～85℃，趁热用 $KMnO_4$ 溶液滴定。刚开始，滴入一滴 $KMnO_4$ 溶液，摇动，待红色褪去，溶液中产生了 Mn^{2+} 后，再加第二滴，随着反应速率的加快，滴定速度逐渐加快，在滴定的全过程中 $KMnO_4$ 加入不可太快，滴定溶液呈微红色并持续半分钟不褪色即为终点。平行测定三次，按下式计算 $KMnO_4$ 溶液的浓度：

$$c(KMnO_4) = \frac{\frac{2}{5}m(Na_2C_2O_4)}{M(Na_2C_2O_4)\dfrac{V(KMnO_4)}{1000}}$$

实验三十四　碘和硫代硫酸钠标准溶液的配制与标定

一、实验目的

1. 知识目标

学习碘和硫代硫酸钠标准溶液的配制与标定的方法与原理。

2. 技能目标

掌握间接滴定法标定 $Na_2S_2O_3$ 的操作方法；淀粉指示剂的使用。

二、预习思考

1. 配制 I_2 溶液为何要加入 KI?

2. 用 $Na_2S_2O_3$ 溶液滴定 I_2 溶液和用 I_2 溶液滴定 $Na_2S_2O_3$ 溶液时都是用淀粉指示剂，为什么要在不同时候加入？终点颜色变化有何不同？

3. 标定 $Na_2S_2O_3$ 溶液时，加入的 KI 溶液量要很精确吗？为什么？

三、实验原理和技能

1. 实验原理

碘量法的基本反应式：

$$2S_2O_3^{2-} + I_2 = S_4O_6^{2-} + 2I^-$$

配制好的 I_2 和 $Na_2S_2O_3$ 溶液经比较滴定，求出两者体积比，然后标定其中一种溶液的浓度，算出另一溶液的浓度。通常标定 $Na_2S_2O_3$ 溶液比较方便。所用的氧化剂有：$KBrO_3$、KIO_3、$K_2Cr_2O_7$、$KMnO_4$ 等。而以 $K_2Cr_2O_7$ 最为方便，结果也相当准确，因此本实验也用它来标定 $Na_2S_2O_3$ 溶液的浓度。

准确称取一定量 $K_2Cr_2O_7$ 基准试剂，配成溶液，加入过量的 KI，在酸性溶液中定量地完成下列反应：

$$6I^- + Cr_2O_7^{2-} + 14H^+ = 2Cr^{3+} + 3I_2 + 7H_2O \tag{1}$$

生成的游离 I_2，立即用 $Na_2S_2O_3$ 溶液滴定：

$$2S_2O_3^{2-} + I_2 = S_4O_6^{2-} + 2I^- \tag{2}$$

结果实际上相当于 $K_2Cr_2O_7$ 氧化了 $Na_2S_2O_3$。I^- 虽在反应（1）中被氧化，但又在反应（2）中被还原为 I^-，结果并未发生变化。由反应方程式（1）和反应方程式（2）可知 $K_2Cr_2O_7$ 与 $Na_2S_2O_3$ 反应的物质的量比为 1:6，即：

$$n(K_2Cr_2O_7) : n(Na_2S_2O_3) = 1 : 6$$

因而根据滴定的 $Na_2S_2O_3$ 溶液的体积和所取的 $K_2Cr_2O_7$ 质量，即可算出 $Na_2S_2O_3$ 溶液的准确浓度。

碘量法用新配制的淀粉溶液作为指示剂。I_2 与淀粉生成蓝色的化合物，反应很灵敏。

2. 实验技能

掌握 0.1mol/L $Na_2S_2O_3$ 标准溶液的配制、0.05mol/L I_2 标准溶液的配制、淀粉溶液的配制和淀粉质实际的使用。

四、主要仪器及试剂

1. 仪器

分析天平、250mL 碘量瓶、容量瓶、移液管、酸式滴定管。

2. 试剂

$K_2Cr_2O_7(s)$、H_2SO_4(1mol/L)、$Na_2S_2O_3 \cdot 5H_2O$(固体)、KI(固体)、I_2(固体)、淀粉溶液(0.5%)、Na_2CO_3(固体)。

五、实验内容

1. 0.1mol/L $Na_2S_2O_3$ 标准溶液的配制

用天平称取 $Na_2S_2O_3 \cdot 5H_2O$ 固体约 6.2g，溶于适量刚煮沸并已冷却的水中，加入 Na_2CO_3 约 0.05g 后，稀释至 250mL，倒入细口试剂瓶中，放置 1~2 周后标定。

2. 0.05mol/L I_2 标准溶液的配制

在天平上称取 I_2（预先磨细过）约 3.2g，置于 250mL 烧杯中，加 6g KI，再加少量水，搅拌，待 I_2 全部溶解后，加水稀释到 250mL，混合均匀。储藏在棕色细口瓶中，放置于暗处。

3. I_2 和 $Na_2S_2O_3$ 溶液的比较滴定

将 I_2 和 $Na_2S_2O_3$ 溶液分别装入酸式和碱式滴定管中,放出 25.00mL I_2 标准溶液于锥形瓶中,加 50mL 水,用 $Na_2S_2O_3$ 标准溶液滴定至呈浅黄色后,加入 2mL 淀粉指示剂,再用 $Na_2S_2O_3$ 溶液继续滴定至溶液的蓝色恰好消失即为终点。

重复滴定三次计算出两溶液的体积比 $V(Na_2S_2O_3):V(I_2)$,并计算其平均值。

4. $Na_2S_2O_3$ 溶液的标定

精确称取 0.15g 左右 $K_2Cr_2O_7$ 基准试剂(预先干燥过)三份,分别置于三个 250mL 锥形瓶中(最好用带有磨口塞的锥形瓶或碘量瓶),加入 10～20mL 水使之溶解。加 2g KI,10mL 1mol/L H_2SO_4,充分混合溶解后,盖好塞子以防止因 I_2 挥发而损失。在暗处放置 5min,然后加 50mL 水稀释后,用 $Na_2S_2O_3$ 溶液滴定到溶液呈浅黄色时,加 2mL 淀粉溶液继续滴入 $Na_2S_2O_3$ 溶液,直至蓝色刚刚消失,而 Cr^{3+} 的绿色出现为止。

记录 $Na_2S_2O_3$ 溶液的体积,计算 $Na_2S_2O_3$ 溶液的浓度。再根据比较滴定的数据计算 I_2 的浓度。

$$c(Na_2S_2O_3) = \frac{6m(K_2Cr_2O_7)}{M(K_2Cr_2O_7) \times \frac{V(Na_2S_2O_3)}{1000}}$$

$$c(I_2) = \frac{1}{2}c(NaS_2O_3) \times \frac{V(Na_2S_2O_3)}{V(I_2)}$$

实验三十五 高锰酸钾法测定双氧水中 H_2O_2 的含量

一、实验目的

1. 知识目标

熟悉 $KMnO_4$ 法测定 H_2O_2 含量的基本原理。

2. 技能目标

掌握自身指示剂的使用和滴定终点的判断,滴定管、容量瓶和移液管的使用。

二、预习思考

1. 用 $KMnO_4$ 法测定 H_2O_2 含量时,能否用 HNO_3、HCl、HAc 调节溶液的酸度?

2. 若用移液管移取 H_2O_2 原溶液后,没有再洗涤就直接用来移取稀释过的 H_2O_2,对测定结果有何影响?

3. 在容量瓶中存放的 H_2O_2 溶液,放置 2 天后,其测定结果与原结果是否一样?

三、实验原理和技能

H_2O_2 是医药上常用的消毒剂,在强酸性条件下用 $KMnO_4$ 法测定 H_2O_2 的含量,其反应方程式为:

$$2MnO_4^- + 5H_2O_2 + 6H^+ \xrightarrow{\quad\quad} 2Mn^{2+} + 5O_2\uparrow + 8H_2O$$

根据高锰酸钾溶液本身的颜色变化确定滴定终点。

四、主要仪器及试剂

1. 仪器

酸式滴定管、250mL 容量瓶。

2. 试剂

工业 H_2O_2 样品、0.02mol/L $KMnO_4$ 标准溶液、3mol/L H_2SO_4 溶液。

五、实验内容

用 25mL 移液管吸取 25.00mL 的 H_2O_2 试样于 250mL 容量瓶中，加水稀释至刻度，充分摇匀。准确吸取稀释后的 H_2O_2 溶液 25.00mL 于 250mL 锥形瓶中，加 3mol/L H_2SO_4 溶液 10mL，加蒸馏水 50mL，用 $KMnO_4$ 标准溶液滴定至溶液呈浅红色，30 s 不褪色为止，根据 $KMnO_4$ 的浓度和体积按下式计算原样品中 H_2O_2 的含量（g/L）。

$$H_2O_2(g/L) = \frac{\frac{5}{2}c(KMnO_4)V(KMnO_4)M(H_2O_2)}{\frac{25.00}{250.00} \times 25.00}$$

实验三十六　重铬酸钾法测定亚铁盐中铁的含量

一、实验目的

1. 知识目标

(1) 掌握 $K_2Cr_2O_7$ 法测定亚铁盐中铁含量基本原理和方法。
(2) 掌握氧化还原指示剂的作用原理及滴定终点的判断。

2. 技能目标

掌握溶液的配制方法，分析天平、酸式滴定管、容量瓶的使用方法。

二、预习思考

1. $K_2Cr_2O_7$ 法能否在盐酸介质中进行？为什么？
2. $K_2Cr_2O_7$ 法测定 Fe^{2+} 过程中加 H_3PO_4 的作用是什么？
3. 配制亚铁盐溶液时，加入硫酸的作用是什么？能否在加入蒸馏水之后加入？

三、实验原理和技能

1. 实验原理

在酸性条件下，重铬酸钾和亚铁盐的基本反应为：

$$Cr_2O_7^{2-} + 6Fe^{2+} + 14H^+ = 6Fe^{3+} + 2Cr^{3+} + 7H_2O$$

选用二苯胺磺酸钠作指示剂，变色点电位为 0.84V，比化学计量点电位低。为了减少误差，滴定前加入 H_3PO_4，使其与 Fe^{3+} 生成无色稳定的 $Fe(HPO_4)_2^{-}$，降低 Fe^{3+}/Fe^{2+} 电对的电位，指示剂变色时，$Cr_2O_7^{2-}$ 与 Fe^{2+} 反应完全。终点前，指示剂呈无色，溶液因 Cr^{3+} 的存在显绿色，到达终点时，溶液由绿色变紫色。

2. 实验技能

掌握 $K_2Cr_2O_7$ 标准溶液的配制、二苯胺磺酸钠指示剂的配制和滴定终点的判断。

四、主要仪器及试剂

1. 仪器

酸式滴定管、分析天平、容量瓶（250mL）、烧杯、锥形瓶。

2. 试剂

$K_2Cr_2O_7$（分析纯）、$FeSO_4 \cdot 7H_2O$（固体）、3mol/L H_2SO_4 溶液、85% H_3PO_4、二

苯胺磺酸钠指示剂。

五、实验内容

1. $K_2Cr_2O_7$ 标准溶液的配制

在分析天平上准确称取分析纯 $K_2Cr_2O_7$ 约 1.2 g，放入 100mL 烧杯中，加少量蒸馏水使其溶解，然后转入 250mL 容量瓶中，多次用蒸馏水洗涤烧杯，将每次的洗涤液转入容量瓶，用蒸馏水稀释至刻度，反复倒转混匀。计算 $c(K_2Cr_2O_7)$。

2. 亚铁盐中铁含量的测定

在分析天平上准确称取硫酸亚铁样品约 7g，放入 250mL 烧杯中，加入 3mol/L H_2SO_4 6~8mL，加入蒸馏水约 30mL，搅拌，使其溶解，转入 250mL 容量瓶，洗涤烧杯数次，洗液转入容量瓶，稀释至刻度，摇匀，备用。

用 25.00mL 移液管吸取上述亚铁盐溶液，放入 250mL 锥形瓶中，加蒸馏水约 50mL，3mol/L H_2SO_4 约 10mL，加入 85% H_3PO_4 5mL，二苯胺磺酸钠指示剂 5~6 滴，以 $K_2Cr_2O_7$ 标液滴至溶液刚好变为紫色或紫蓝色即为终点，记录 $V(K_2Cr_2O_7)$。重复滴定 3 次，两次滴定体积相差不超过 0.02mL。根据下式计算 Fe^{2+} 的百分含量。

$$w = \frac{6 \times c(K_2Cr_2O_7) \times \frac{V(K_2Cr_2O_7)}{1000} \times M(Fe)}{m_{样}}$$

实验三十七　维生素 C 含量的测定

一、实验目的

1. 知识目标

学习直接碘量法的方法和原理。

2. 能力目标

掌握直接碘量法指示剂的使用和操作。

二、预习思考

1. 测定维生素 C 为什么要加入稀乙酸？
2. 溶解样品时为什么要用新煮沸过的蒸馏水？

三、实验原理和技能

1. 实验原理

用碘标准溶液可以直接测定维生素 C 等一些还原性物质，维生素 C 分子中的二烯醇基被氧化成二酮基：

$$\underset{O\ OH\ OH\ H\ H\ OH}{C-C=C-C-C-CH_2OH} + I_2 \longrightarrow \underset{O\ O\ O\ H\ OH}{C-C-C-C-C-CH_2OH} + 2HI$$

反应不必加碱就可进行得很完全。相反，由于维生素 C 的还原能力强而易被空气氧化，所以，在测定中必须加入稀 HAc，使溶液保持足够的酸度，以减少副反应的发生。

2. 实验技能

淀粉指示剂的使用和直接碘量法的操作。

四、主要仪器及试剂
1. 仪器
酸式滴定管、碘量瓶。
2. 试剂
维生素 C、1∶1 HAc 溶液、0.05000mol/L I_2 标准溶液、0.5% 的淀粉指示剂。

五、实验内容
准确称取试样 0.2g 置于 250mL 锥形瓶中,加入新煮沸过的蒸馏水 100mL 和 10mL 1∶1HAc,完全溶解后,再加入 3mL 淀粉指示剂,立即用 I_2 标准溶液滴定至溶液显稳定的蓝色,重复滴定两次并按下式计算维生素 C 的含量 [M(维生素 C)=176.13g/mol]。

$$w(维生素\ C) = \frac{c(I_2)V(I_2)M(维生素\ C)}{m(维生素\ C)} \times 100\%$$

实验三十八 间接碘量法测定硫酸铜中铜含量

一、实验目的
1. 知识目标
学习间接碘量法的基本原理。
2. 技能目标
掌握淀粉指示剂的使用,称量操作,滴定操作等。

二、预习思考
1. 淀粉指示剂为什么不在滴定前加入?
2. 测定铜的含量时,为什么要加入 NaF、KSCN 溶液?

三、实验原理和技能
1. 实验原理
间接碘量法测定铜的反应方程式为:

$$2Cu^{2+} + 4I^- = 2CuI\downarrow + I_2$$
$$I_2 + 2S_2O_3^{2-} = 2I^- + S_4O_6^{2-}$$

CuI 能吸附 I_2,使终点提前,结果偏低。因此终点前需加入 SCN^-,将 CuI 沉淀转化为 CuSCN 沉淀。

$$CuI\downarrow + SCN^- = CuSCN\downarrow + I^-$$

Fe^{3+} 可将碘离子氧化,影响测定。加入 NaF,与 Fe^{3+} 生成 $[FeF_6]^{3-}$,降低 Fe^{3+}/Fe^{2+} 电对的电位,消除 Fe^{3+} 的干扰。

$$2Fe^{3+} + 2I^- = 2Fe^{2+} + I_2$$

2. 实验技能
掌握间接碘量法测定铜的操作及指示剂的使用方法。

四、主要仪器及试剂
1. 仪器
分析天平、碘量瓶、滴定管。

2. 试剂

0.1mol/L $Na_2S_2O_3$ 标准溶液、10％KI、0.5％的淀粉、10％KSCN、饱和 NaF 溶液、6mol/L H_2SO_4。

五、实验内容

准确称取硫酸铜样品 0.7～0.9g 三份，分别放入 250mL 锥形瓶中，加 2mL 6mol/L H_2SO_4 和 100mL 水溶解，再加入 10mL 饱和 NaF 溶液和 10mL 10％KI 溶液，立即用已标定的 $Na_2S_2O_3$ 溶液滴至浅黄色。然后，加入 2mL 0.5％的淀粉溶液，溶液变蓝色。继续滴至浅蓝色。再加入 10mL 10％的 KSCN 溶液，混合后溶液颜色转深，再滴至蓝色恰好消失为止。记录 $V(Na_2S_2O_3)$，根据下式计算铜的含量。

$$w(Cu) = \frac{c(Na_2S_2O_3)V(Na_2S_2O_3)M(Cu)}{m_{样} \times 1000} \times 100\%$$

实验三十九　邻二氮菲分光光度法测定微量铁

一、实验目的

1. 知识目标

(1) 掌握邻二氮菲法测定铁的基本原理和条件。
(2) 掌握工作曲线法的实验技术。

2. 技能目标

吸量管的使用、系列标准溶液的配制、Excel 处理实验数据、分光光度计的使用、铁标准溶液的配制。

二、预习思考

1. 用吸量管量取溶液时，应注意什么问题？
2. 试剂加入顺序对测定有无影响？

三、实验原理和技能

1. 实验原理

邻二氮菲（又称邻菲啰啉）法是比色法测定微量铁常用的方法。在 pH＝2～9 的溶液中，邻二氮菲与 Fe^{2+} 生成稳定的橙红色配合物，该橙红色配合物的最大吸收波长 λ_{max} 为 508 nm，摩尔吸光系数 ε 为 1.1×10^4，反应的灵敏度高，稳定性好。

如果铁以 Fe^{3+} 形式存在，则测定时应预先加入还原剂盐酸羟胺将 Fe^{3+} 还原为 Fe^{2+}。

$$4Fe^{3+} + 2NH_2OH = 4Fe^{2+} + N_2O + 4H^+ + H_2O$$

以工作曲线法测定铁的含量。

2. 实验技能

掌握吸量管的使用、标准色阶的配制方法、工作曲线的绘制方法、分光光度计的使用方法等。

四、主要仪器及试剂

1. 仪器

分光光度计、容量瓶、刻度吸管。

2. 试剂

铁标准溶液（10μg/mL）：准确称取 0.08634g $NH_4Fe(SO_4)_2 \cdot 12H_2O$，置于烧杯

中，以 30mL 2mol/L HCl 溶液溶解后转入 100mL 容量瓶中，用水稀释至刻度，摇匀。从中吸取 50mL 溶液于 500mL 容量瓶中，加 20mL 2mol/L HCl 溶液，用水稀释至刻度，摇匀。

10%盐酸羟胺溶液（用时新配），0.15%邻二氮菲溶液（用时新配），1mol/L NaAc。

五、实验内容

1. 标准曲线的绘制

取 50mL 容量瓶 6 只，分别准确加入 10μg/mL 铁标准溶液 0、2.00mL、4.00mL、6.00mL、8.00mL、10.00mL，用移液管于各容量瓶中分别加入 10%盐酸羟胺 1mL，摇匀，再各加入 1mol/L NaAc 溶液 5mL 及 0.15%邻二氮菲溶液 2mL。用水稀释至刻度，摇匀，在 508 nm 处，用 1cm 比色皿，以不含铁的试剂溶液作参比溶液，分别测定各溶液的吸光度。然后以标准系列中各溶液的含铁量（μg/50mL）为横坐标，对应的吸光度为纵坐标绘制标准曲线。

2. 样品的测定

将试样溶液按上述步骤显色，在相同条件下测量吸光度，在标准曲线上查出试样溶液的含铁量（μg/50mL），然后计算试样溶液的原始浓度。

实验四十 磷钼蓝分光光度法测定土壤全磷量

一、实验目的

1. 知识目标

掌握磷钼蓝法测定磷含量的原理和实验条件。

2. 能力目标

掌握土壤样品的处理方法和分光光度计的使用方法。

二、预习思考

1. 钼蓝分光光度计测定磷的原理和适宜的测定条件是什么？
2. 为什么量取磷待测液的体积要根据土壤试样中磷含量的多少来确定？
3. 根据自己的实验数据，计算磷钼杂多蓝在测定条件下的摩尔吸光系数。
4. 显色剂的用量过多或过少对实验结果有无影响？

三、实验原理和技能

1. 实验原理

土壤全磷量的测定一般都采用磷钼蓝法。

在高温条件下，土壤中含磷矿物及有机磷化合物与高沸点的 H_2SO_4 和强氧化剂 $HClO_4$ 反应而完全分解，全部转化为磷酸盐而进入溶液。在一定酸度下，磷酸与钼酸铵作用生成磷钼杂多酸，以适当的还原剂将其还原成磷钼杂多蓝，使溶液呈蓝色，蓝色的深浅与磷的含量成正比，可进行分光光度法测定。

磷钼蓝法常用的还原剂有多种，本实验采用在酒石酸锑钾的存在下，用抗坏血酸作还原剂，将磷钼杂多酸还原为磷钼杂多蓝，常称为"钼锑抗"（钼酸铵-酒石酸锑钾-抗坏血酸试剂的简称）法。此法手续简便，颜色稳定，干扰离子允许量大，很适于进行土壤中磷的测定。

"钼锑抗"法要求显色温度为 15～60℃，颜色在 8h 内可保持稳定。要求显色酸度为 0.45～0.65mol/L，若酸度太小，磷钼蓝稳定时间较短，若酸度过大，则显色变慢。

2. 实验技能

掌握吸量管的使用、标准色阶的配制方法、工作曲线的绘制方法、分光光度计的使用方法等。

四、主要仪器及试剂

1. 仪器

分析天平、分光光度计、容量瓶（50mL，100mL）、10mL 吸量管、5mL 移液管、10mL 量筒、50mL 锥形瓶、小漏斗、无磷滤纸。

2. 试剂

（1）5.00μg/mL 磷标准溶液

将 0.4390g KH_2PO_4（105℃烘过 2 h）溶于 200mL 水中，加入 5mL 浓 H_2SO_4，转入 1L 容量瓶中，用水稀释至刻度，此为 100μg/mL 标液，可长期保存，使用时准确稀释 20 倍后作为标准溶液。

（2）钼锑储存液

将 153mL 浓 H_2SO_4 缓慢地倒入约 400mL 水中，搅拌，冷却。将 10g 钼酸铵溶解于约 60℃ 的 300mL 水中，冷却。然后将 H_2SO_4 溶液缓缓倒入钼酸铵溶液中，再加入 100mL0.5％酒石酸锑钾溶液，最后用水稀释至 1L，避光储存。

（3）钼锑抗显色剂

将 1.50g 抗坏血酸（左旋，旋光度＋21°～＋22°）溶于 100mL 钼锑储存液中，注意随配随用。

0.2％二硝基酚指示剂（0.2g 2,6-二硝基酚或 2,4-二硝基酚溶于 100mL 水中）、浓 H_2SO_4、70％～72％$HClO_4$。

五、实验内容

1. 待测液的制备

准确称取通过 100 目筛的烘干土壤试样约 1.0g 于 50mL 锥形瓶中，以少量水湿润，加入 8mL 浓 H_2SO_4，摇动（最好放置过夜），再加入 70％～72％的 $HClO_4$ 10 滴，摇匀，瓶口上放一小漏斗，慢慢加热消煮至瓶内溶液开始转白后，继续消煮 20min，全部消煮时间 45～60 min。冷却后，用干燥漏斗和无磷滤纸将消煮液滤入 100mL 容量瓶中，用少量水重复淋洗，保证定量转移完全，用水稀释至刻度，备用。

2. 工作曲线的绘制及待测液吸光度的测定

分别准确移取 5.00μg/mL 磷标准液 0.00、1.00mL、2.00mL、3.00mL、4.00mL、5.00mL、6.00mL 于 7 只编号的 50mL 容量瓶中，再准确移取 5.00mL 待测液（可根据土壤试样中磷含量的多少确定应该吸取待测液的体积）于 8 号容量瓶中，分别加蒸馏水稀释至约 30mL，加二硝基酚指示剂 2 滴，用稀 NaOH 溶液和稀 H_2SO_4 溶液调节至溶液刚呈微黄色，然后加入"钼锑抗"显色剂 5mL，用蒸馏水稀释至刻度，充分摇匀。在高于 15℃ 条件下放置 30min，用 1cm 比色皿，在 700nm 波长下，以试剂空白溶液为参比依次测定各溶液的吸光度。

以吸光度为纵坐标，浓度为横坐标绘制工作曲线，根据待测液的吸光度，在工作曲线上查出相应的浓度，计算原待测液中含磷量，进而得到土壤的全磷量。

第七篇

综合性实验和设计性实验

实验四十一　污水中化学耗氧量（COD）的测定（高锰酸钾法）

一、实验目的

1. 知识目标

了解水的化学耗氧量的意义；掌握高锰酸钾溶液的配制及标定方法。

2. 技能目标

掌握空白实验的操作技能和高锰酸钾法滴定方法。

二、预习思考

1. 如果工业废水及生活污水中含有较多成分复杂的污染物质，应该用什么方法测COD？
2. 如果污水水样中 Cl^- 大于 300mg/L 时，将影响测定，如何消除干扰？
3. 如何采集水样？

三、实验原理和技能

1. 实验原理

水的化学耗氧量（COD）系指用适当的氧化剂处理水样时，水中的需氧污染物所消耗的氧化剂的量，通常换算成相应的氧量来表示，单位为 mg/L。水的化学耗氧量（COD）是表示水体或污水的污染程度的重要综合指标，是环境保护和水质分析中经常需要测定的项目。水的化学耗氧量（COD）的数值越高，说明水体的污染越严重。

水的化学耗氧量（COD）的测定方法分为酸性高锰酸钾法、碱性高锰酸钾法和重铬酸钾法。本实验选用酸性高锰酸钾法测定水的化学耗氧量。

在酸性条件下，向被测水样中加入一定量的高锰酸钾溶液后，加热水样，使高锰酸钾与水样中的有机污染物充分反应。待反应完全后，定量加入过量的草酸钠标准溶液还原反应后所剩余的高锰酸钾溶液。最后，用高锰酸钾标准溶液返滴定溶液中过量的草酸钠标准溶液。通过该返滴定的分析过程，可测定水的化学耗氧量（COD）的量。

滴定反应方程为：

$$2MnO_4^- + 5C_2O_4^{2-} + 16H^+ = 2Mn^{2+} + 10CO_2\uparrow + 8H_2O$$

2. 实验技能

掌握化学耗氧量的测定方法，高锰酸钾法的操作方法。

四、主要仪器及试剂

1. 仪器

分析天平、台秤、水浴锅、酸式滴定管、温度计、移液管（25mL）、电炉、烧杯、容量瓶、表面皿。

2. 试剂

$Na_2C_2O_4$ 固体、高锰酸钾固体、H_2SO_4（10mol/L）、$AgNO_3$（质量分数 0.10）

五、实验内容

1. 草酸钠标准溶液（0.013mol/L）的配制

准确称取基准物质草酸钠固体 0.42g 左右（称准至 0.1mg，其分子量为 134.0），转移至 250mL 烧杯中，用约 100mL 蒸馏水溶解后，转入 250mL 容量瓶，定容，摇匀。计算所得草酸钠标准溶液的浓度为 $c_{草酸}$。

2. 高锰酸钾标准溶液（0.005mol/L）的配制

用台秤称取高锰酸钾固体约 0.4g，置于 600mL 烧杯中，加入蒸馏水 500mL，搅拌溶解，盖上表面皿，静置过夜。用玻璃棒将所得溶液过滤于清洁的 500mL 棕色细口瓶中，贴好标签，临用前，用草酸钠标准溶液按常法进行标定。

3. 确定空白试验所消耗的高锰酸钾溶液的量 V_0（mL）

在 250mL 锥形瓶中，加蒸馏水稀释至 100mL，加硝酸银溶液 5mL，加 10mol/L 硫酸溶液 15mL，在 75～85℃的水浴中，用高锰酸钾标准溶液滴定，至溶液出现粉红色且 30s 内不消失，停止滴定，记录滴定消耗的高锰酸钾溶液的量 V_0。

4. 确定标定高锰酸钾溶液时消耗的量 V_1

移取草酸钠标准溶液 20.00mL 于 250mL 锥形瓶中，加入 10mol/L 硫酸溶液 15mL，在 75～85℃的水浴中，用高锰酸钾溶液滴定，至溶液出现粉红色且 30s 内不消失，记录滴定消耗的高锰酸钾溶液的量为 V_1（mL）。

5. 确定每摩尔高锰酸钾溶液相当于草酸钠标准溶液的体积 V_f

$$V_f = \frac{20.00}{V_1 - V_0}$$

6. 确定分析水样时消耗的高锰酸钾溶液的量 V_s、V_2 和 V_3

准确移取适当水样 V_s mL 于 250mL 锥形瓶中，用蒸馏水稀释至 100mL，加入 10mol/L 硫酸溶液 15mL，再加入硝酸银溶液（质量分数 0.10）5mL，以除去水样中的 Cl^-（当水样中 Cl^- 的含量比较小时，可不加硝酸银溶液），摇匀后加入高锰酸钾标准溶液 20.00mL（V_2），将锥形瓶置于沸水浴中加热 30 min，充分氧化需氧污染物。稍冷却后（75～85℃），加草酸钠标准溶液 20.00mL，摇匀（此时溶液应当为无色），在 75～85℃的水浴中，用高锰酸钾溶液滴定至溶液出现粉红色且 30s 内不消失即为终点，记录滴定消耗的 $KMnO_4$ 溶液的量为 V_3（mL）。平行测定三次。按下式计算水的化学耗氧量（COD）：

$$COD(Mn) = \frac{[(V_2 + V_3 - V_0)V_f - 20.00] \times c_{Na_2C_2O_4} \times 16.00 \times 1000}{V_s} \text{（mg/L）}$$

六、注意事项

1. 水样量根据在沸水浴中加热反应 30 min 后，应剩下加入量一半以上的 0.005mol/L 高锰酸钾溶液的量来确定。

2. 废水中有机物种类繁多，但对于主要含烃类、脂肪、蛋白质以及挥发性物质（如乙醇、丙酮等）的生活污水和工业废水，其中的有机物大多数可以氧化 90% 以上，像吡啶、甘氨酸等有些有机物则难以氧化，因此，在实际测定中，氧化剂种类、浓度和氧化条件等对测定结果均有影响，所以必须严格按照规定操作步骤进行分析，并在报告结果时注明所用的方法。

3. 本实验在加热氧化有机污染物时，完全敞开，如果废水中易挥发性化合物含量较高时，应使用回流冷凝装置加热，否则结果将偏低。

4. 水样中 Cl^- 在酸性高锰酸钾中能被氧化，使结果偏高。

5. 实验所用的蒸馏水最好用含酸性高锰酸钾的蒸馏水重新蒸馏所得的二次蒸馏水。

实验四十二　废干电池的回收和利用

一、实验目的

1. 知识目标

了解废弃干电池中有效成分的回收利用方法，熟练高锰酸钾法和配位滴定法。

2. 技能目标

熟练掌握无机物的实验室提取、制备、提纯和分析等方法和技能，学习实验方案的设计。

二、预习思考

1. 干电池中含有哪些可以回收利用的物质？
2. 如何测定锌的含量？
3. 如何测定 MnO_2 的含量？
4. 如何回收锌？

三、实验原理和技能

1. 实验原理

日常生活中用的干电池为锌锰电池。其负极为电池壳体的锌电极，正极是被二氧化锰（为增强导电性，填充有炭粉）包围的石墨电极，电解质是氯化锌及氯化铵的糊状物。在使用过程中，锌皮消耗最多，二氧化锰只起氧化作用，糊状绝缘物氯化铵作为电解质不会消耗，炭粉是填料。为了防止锌皮因快速消耗而渗漏电解质，通常在锌皮中掺入汞，形成汞齐。

电池反应为：

$$Zn + 2NH_4Cl + 2MnO_2 = Zn(NH_3)_2Cl_2 + 2MnOOH$$

锌锰电池包括正极炭棒、二氧化锰、乙炔黑、石墨、炭粉，负极主要是含有少量铅、镉、汞的锌，加入少量铅、镉、汞的目的是降低锌电极的腐蚀速率。中性锌锰电池的电解质溶液为氯化铵和氯化锌（碱性锌锰电池的电解液为氢氧化钾）。此外，电池还有封口材料和外壳铁、塑料、纸等组成材料。总体分析流程如下：

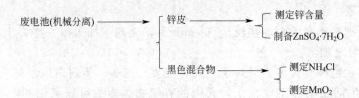

2. 实验技能

掌握样品的处理方法，无机化学中合成、提纯方法。

需要实施的项目包括以下几方面：

(1) 锌分析

样品经过酸分解后，用氨水和氯化铵、硫酸铵、高硫酸铵使锌和其他元素分离，在 pH=5.8～6.0 的条件下，用硫代硫酸钠掩蔽铜，用氟化物掩蔽铝，以 NH_3-NH_4Cl 为缓冲液、铬黑 T 作指示剂，用 EDTA 进行锌的滴定，至溶液由酒红色变为纯蓝色即为终点。

(2) 氯化铵含量测定

NH_4Cl 含量可以由酸碱滴定法测定，NH_4Cl 先与甲醛反应生成六亚甲基四胺和盐酸，后者可以用 NaOH 标准溶液滴定，有关反应如下：

$$4NH_4Cl + 6HCHO = (CH_2)_6N_4 + 4HCl + 6H_2O$$

(3) 二氧化锰含量的测定

应用草酸返滴定法测定四价锰的含量。在硫酸介质中，用过量的草酸将四价的锰还原成二价后再用高锰酸钾滴定过量的草酸，从而计算二氧化锰的含量。主要反应如下：

$$H_2C_2O_4 + 2H_2SO_4 + MnO_2 = MnSO_4 + H_2SO_4 + 2CO_2\uparrow + 2H_2O$$

$$5H_2C_2O_4 + 2KMnO_4 + 3H_2SO_4 = 2MnSO_4 + K_2SO_4 + 10CO_2\uparrow + 2H_2O$$

(4) 七水硫酸锌的制备

用硫酸溶解锌片，通过过滤除去锌中的其他难溶物。用结晶方法沉淀制备七水硫酸锌。

四、主要仪器及试剂

1. 仪器

离心机、分析天平、台秤、滴定管、移液管、容量瓶、电炉、剪刀、废电池。

2. 试剂

Na_2S 溶液、甲醛、酚酞、NaOH（0.0515mol/L）、盐酸（0.1035mol/L）、EDTA（0.0100mol/L）、铬黑 T、硫酸溶液、草酸溶液、$KMnO_4$（0.025mol/L）。

五、实验内容

1. 材料准备

取一个废干电池，剥去电池外层包装纸，去掉盖顶，挖去里面的沥青层，慢慢拔出炭棒。用剪刀把废电池的外壳剥开，即可取出黑色物质，它为 MnO_2、氯化铵、$ZnCl_2$、炭粉等的混合物。从废电池表面剥下的锌壳，可能含有 MnO_2、氯化铵、$ZnCl_2$ 等杂质，要用水清洗干净。电池的锌壳用于测定 Zn 的含量以及制备 $ZnSO_4 \cdot 7H_2O$。

准确称取 10.0g 黑色固体粉末。用 50mL 蒸馏水溶解，充分搅拌。待固体全部溶解，减压过滤，用蒸馏水充分洗涤。分别获得滤液和滤渣（留备用）。

2. 废电池的成分分析

(1) 锌片中锌的纯度分析

准确称取 1.6g 锌片，用足量的硫酸溶解，用 100mL 容量瓶定容，取 5.00mL 于锥形瓶中，逐滴加入 1:1 $NH_3 \cdot H_2O$ 同时不断摇动直至开始出现白色沉淀，再加 5mL NH_3-NH_4Cl 缓冲溶液、50mL 水和 3 滴铬黑 T。用 0.1035mol/L EDTA 进行锌的滴定，至溶液由酒红色变为纯蓝色即为终点。平行滴定三次。

(2) MnO_2 的制备及纯度分析

① 制备 取步骤 1 中所得滤渣置于蒸发皿中，先用小火烘干，再在搅拌下用强火灼烧，

以除去其中所含碳及有机物。直至出现的火星消失且蒸发皿中的物质变褐色为止，冷却，备用。

② 纯度分析　分别取 0.10g MnO_2 3 份，各加入 0.20g 草酸，并加入 0.60mol/L 的 H_2SO_4，微热，充分反应后用 0.025mol/L 的 $KMnO_4$ 滴定剩余的草酸，溶液由浅黄色变为粉红色即可。平行滴定三次。

(3) NH_4Cl 的制备及纯度分析

① 制备　取步骤 1 中所得滤液进行离心分离，将分离后的溶液移到蒸发皿中进行加热蒸发，浓缩至表面有晶膜为止，切断热源让其冷却结晶。

② 纯度分析　精确称取 0.20g NH_4Cl 于 100mL 烧杯中，用水溶解后移入 250mL 容量瓶定容，然后取 25.00mL 溶液于锥形瓶中并加入过量的甲醛，充分反应后以酚酞为指示剂，用 0.0515mol/L NaOH 进行滴定。平行滴定三次。

3. 制备七水硫酸锌

将处理过的锌片剪碎，锌皮上还可能粘有石蜡、沥青等有机物，用水难以清洗，但它们不溶于酸，可将锌皮溶于硫酸后过滤除去，取滤液进行下面的步骤。

将洁净的碎锌片 1.2g（越碎越易溶解），以约 30mL 的硫酸（2mol/L）溶解。微加热，待反应完全，澄清后过滤。向滤液中加入 3% 的双氧水，把 Fe^{2+} 转换成 Fe^{3+}，在不断搅拌下滴加 2mol/L 氢氧化钠，逐渐有大量白色氢氧化锌沉淀生成。当加入氢氧化钠时，在充分搅拌下继续滴加至溶液 pH=8 为止，使得 Fe^{3+} 和 Zn^{2+} 均沉淀，然后调节溶液 pH=4 时，使得氢氧化锌沉淀溶解而氢氧化铁沉淀不溶解，过滤，弃去沉淀。

在除去铁的滤液中滴加 NaOH 至 pH=8，用布氏漏斗减压抽滤，再用大量的水洗涤滤渣。将滤渣移到烧杯中，滴加 2mol/L 硫酸，使溶液 pH=2，将其转入蒸发皿，在水浴上蒸发、浓缩，至液面上出现晶膜后停止加热。自然冷却后，用布氏漏斗减压抽滤，将晶体放在两层滤纸间吸干，称量。计算 $ZnSO_4 \cdot 7H_2O$ 产品的产率。

七水硫酸锌纯度分析：准确称取 0.80g 七水硫酸锌，加水溶解，用 100mL 容量瓶定容，取 10.00mL 于锥形瓶中，逐滴加入 1:1 $NH_3 \cdot H_2O$，同时不断摇动直至开始出现白色沉淀，再加 5mL NH_3-NH_4Cl 缓冲溶液、50mL 水和 3 滴铬黑 T，用 0.0100mol/L EDTA 进行锌的滴定，至溶液由酒红色变为纯蓝色即为终点。平行滴定三次。

六、数据记录与处理

1. 锌片中锌的纯度分析

锌片中锌的纯度分析列于表 7-1 中。

表 7-1　锌片中锌的纯度分析

项目	I	II	III
V(EDTA 初体积)			
V(EDTA 末体积)			
ΔV(EDTA)			

$$w(Zn) = \frac{c(EDTA)\Delta V(EDTA)M(Zn)}{m_s} \times 100\%$$

2. MnO_2 的纯度分析

MnO_2 的纯度分析列于表 7-2 中。

表 7-2　MnO_2 的纯度分析

项目	I	II	III
$V(KMnO_4$ 初体积)			
$V(KMnO_4$ 末体积)			
$\Delta V(KMnO_4)$			

$$w(MnO_2)=\frac{\left[\frac{m(H_2C_2O_4)}{M(H_2C_2O_4)}-\frac{5}{2}c(KMnO_4)\Delta V(KMnO_4)\right]M(MnO_2)}{m_s}\times 100\%$$

3. NH_4Cl 的纯度分析

NH_4Cl 的纯度分析列于表 7-3 中。

表 7-3　NH_4Cl 的纯度分析

项目	I	II	III
$V(NaOH$ 初体积)			
$V(NaOH$ 末体积)			
$\Delta V(NaOH)$			

$$w(NH_4Cl)=\frac{c(NaOH)\Delta V(NaOH)M(NH_4Cl)}{m_s}\times 100\%$$

4. 七水硫酸锌的纯度分析

七水硫酸锌的纯度分析列于表 7-4 中。

表 7-4　七水硫酸锌的纯度分析

项目	I	II	III
$V(EDTA$ 初体积)			
$V(EDTA$ 末体积)			
$\Delta V(EDTA)$			

$$w(ZnSO_4\cdot 7H_2O)=\frac{c(EDTA)\Delta V(EDTA)M(ZnSO_4\cdot 7H_2O)}{m_s}\times 100\%$$

实验四十三　银量法废液中银的回收

一、实验目的

1. 知识目标

对莫尔法测定原理，配合物溶解原理，沉淀滴定完全有一定理解。

2. 技能目标

掌握减压抽滤，沉淀洗涤、烘干等技能。

二、预习思考

1. 为什么氨水溶解氯化银沉淀的方法基本上能使银与其他金属元素分离？
2. 如何判断溶液中没有氯离子？
3. 预习要点：莫尔法废液的成分，沉淀转化配合物溶解的方法，减压抽滤操作。

三、实验原理和技能

1. 实验原理

用莫尔法测定氯含量时，会产生大量含银废液，其主要成分为 AgCl、Ag_2CrO_4 沉淀和 $AgNO_3$ 溶液。加入过量氯化钠溶液使之全部转化为 AgCl 沉淀，过滤，再用氨水使 AgCl 溶解，并与其他物质分离，然后用抗坏血酸作还原剂，使 $[Ag(NH_3)_2]^+$ 被还原为银单质。在单质银中加入稀硝酸，即可生成 $AgNO_3$ 溶液。

2. 实验技能

掌握减压抽滤，沉淀的洗涤操作。

四、主要仪器及试剂

1. 仪器

减压抽滤装置、台秤、烧杯等。

2. 试剂

含银废液、浓氨水、抗坏血酸（1mol/L）、Na_2S（0.2mol/L）、$AgNO_3$ 溶液。

五、实验内容

1. 废液的处理

取适量银量法废液，加入过量 1mol/L NaCl 溶液，搅拌 5min 后，沉淀先用热水洗涤数次，再用冷水洗涤至无 Cl^-（如何检验？）为止，并继续抽滤至接近干燥。称重，粗略计算所得物质的物质的量。

2. AgCl 沉淀的溶解

在湿 AgCl 中加入浓氨水至全部沉淀溶解。若有不溶物，应再抽滤出去。

3. 单质银的制备

按每 6g 湿 AgCl 中加 20mL 浓度为 1mol/L 的抗坏血酸的比例，将 $[Ag(NH_3)_2]^+$ 还原为银单质。放置并搅拌至银沉淀完全（取少量上层清液滴入一滴 Na_2S 溶液，检验银离子是否完全还原）。减压抽滤，沉淀分别用热的和冷的去离子水反复洗涤数次，并抽滤至近干，称量所得银单质的质量。

4. 硝酸银的制备

在通风橱内向单质银中加入适量的 2.0mol/L HNO_3 溶液，并加热煮沸至银完全溶解，用 G_4 砂芯玻璃漏斗减压抽滤，除去不溶物。继续蒸发浓缩至干，再用水和乙醇混合溶剂重结晶。减压过滤，结晶用少量无水乙醇洗涤 1 次，并继续抽滤至接近干燥，然后在 120℃下烘干 2h，冷却后称量所得硝酸银固体。

实验四十四　含铬废水的测定及其处理

一、实验目的

1. 知识目标

掌握沉淀方法，标准曲线的绘制，分光光度计的使用方法。

2. 能力目标

综合学习加热，溶液配制，酸碱滴定和固液分离及分光光度法测 Cr(Ⅵ) 的方法。

二、预习思考

1. 处理废水时，为什么提前加 $FeSO_4 \cdot 7H_2O$ 酸调节 pH=1，而后为什么又要加碱调节 pH=8 左右，如果 pH 控制不好，会有什么不良影响？
2. 如果加入 $FeSO_4 \cdot 7H_2O$ 不够，会产生什么效果？

三、实验原理

Cr(Ⅵ) 的除去方法很多，本实验采用铁氧体法，所谓铁氧体是指在含铬废水中，加入过量的硫酸亚铁溶液，使其中的 Cr(Ⅵ) 和亚铁离子发生氧化还原反应，此时 Cr(Ⅵ) 被还原为 Cr^{3+}，而亚铁离子被氧化为 Fe^{3+}。调节溶液的 pH 值，使 Cr^{3+}、Fe^{3+} 和 Fe^{2+} 转化为氢氧化物沉淀。然后加入 H_2O_2，再使部分 +2 价铁氧化为 +3 价铁，组成类似 $Fe_3O_4 \cdot xH_2O$ 的磁性氧化物。这种氧化物称为铁氧体，其组成也可写作 $Fe^{3+}[Fe^{2+}Fe^{3+}_{1-x}Cr_x]O_4$，其中部分 +3 价铁可被 +3 价铬代替，因此可使铬成为铁氧体的组分而沉淀出来。其反应方程式为：

$$Cr_2O_7^{2-} + 6Fe^{2+} + 14H^+ = 2Cr^{3+} + 6Fe^{3+} + 7H_2O$$

$$Fe^{2+} + (2-x)Fe^{3+} + xCr^{3+} + 8OH^- = Fe^{3+}[Fe^{2+}Fe^{3+}_{1-x}Cr_x]O_4 + 4H_2O$$

式中，x 在 0~1 之间。

含铬的铁氧体是一种磁性材料，可以应用在电子工业上。采用该方法处理废水既环保又利用了废物。

处理后的废水中 Cr(Ⅵ) 可与二苯碳酰二肼（DPCI）在酸性条件下作用产生红紫色配合物来检验结果。该配合物的最大吸收波长为 540 nm 左右，摩尔吸光系数为 $2.6 \times 10^4 \sim 4.17 \times 10^4 L/(mol \cdot cm)$。显色温度以 15℃ 为宜，温度过低显色速度慢，过高则配合物稳定性差；显色时间 2~3 min，配合物可在 1.5 h 内稳定，根据颜色深浅进行比色，即可测定废水中的残留 Cr(Ⅵ) 的含量。

四、主要仪器及试剂

1. 仪器

磁铁、分光光度计、台秤、50mL 容量瓶、移液管（25mL）、吸量管、锥形瓶（250mL）、酒精灯、温度计（100℃）、漏斗、蒸发皿、比色皿。

2. 试剂

(1) $K_2Cr_2O_7$ 标准溶液　准确称取于 140℃ 下干燥的 $K_2Cr_2O_7$ 0.2829 g 于小烧杯中，溶解后转入 1000mL 容量瓶中，用水稀释至刻度，摇匀，即得 100mg/L Cr(Ⅵ) 的储备液。准确移取 5mL 储备液于 500mL 容量瓶中，用水稀释至刻度，摇匀，制成含 1.0mg/L Cr^{3+} 标准溶液。

(2) 0.05mol/L 硫酸亚铁铵 $(NH_4)_2Fe(SO_4)_2$ 用 0.01mol/L $K_2Cr_2O_7$ 标定。

(3) H_2SO_4（3mol/L）、氢氧化钠（6mol/L）、过氧化氢 H_2O_2（3%），$FeSO_4 \cdot 7H_2O$（s）。

(4) 二苯碳酰二肼 $[(C_6H_5NHNH)_2CO]$（2g/L）　将 0.5g 二苯碳酰二肼加入 50mL 95% 的乙醇溶液。待溶解后再加入 200mL 10% H_2SO_4 溶液，摇匀。该物质很不稳定，见光易分解，应储于棕色瓶中（不用时置于冰箱中，该溶液应为无色，如溶液已是红色，则不应再使用。最好现用现配）。

(5) 二苯胺磺酸钠 $C_6H_5NHC_6H_4SO_3Na$（1%），含铬废水（约 1.45g/L）。

五、实验内容

1. 含铬废水中铬的测定

用移液管量取 25.00mL 含铬废水置于 250mL 锥形瓶中，依次加入 10mL 混合酸、

30mL 去离子水和 4 滴二苯胺磺酸钠指示剂,摇匀。用标准 $(NH_4)_2Fe(SO_4)_2$ 溶液滴定至溶液由红色变到绿色时为止,即为终点。平行测定三次。求出废水中 Cr(Ⅵ) 的含量。

2. 含铬废水的处理

量取 100mL 含铬废水,置于 250mL 烧杯中,根据上面测定的铬量,换算成 CrO_3 的质量,再按 $m(CrO_3):m(FeSO_4·7H_2O)=1:16$ 的质量比算出所需 $FeSO_4·7H_2O$ 的质量,用台秤称出所需 $FeSO_4·7H_2O$ 的质量,加到含铬废水中,不断搅拌,待晶体溶解后,逐滴加入 H_2SO_4(3mol/L),并不断搅拌,直至溶液的 pH 值约为 1(如何得知?)时溶液显亮绿色(什么物质?为什么?)。

逐滴加入 NaOH(6mol/L)溶液,调节溶液的 pH 值约为 8。然后将溶液加热至 70℃ 左右,在不断搅拌下滴加 3% H_2O_2 溶液。冷却静置,使所形成的氢氧化物沉淀沉降。

采用倾析法对上面的溶液进行过滤,滤液倒入洁净、干燥的烧杯中,沉淀用去离子水洗涤数次,然后将沉淀物转移到蒸发皿中,用小火加热,蒸发至干。待冷却后,将沉淀均匀摊在干净的白纸上,另用纸将磁铁紧紧裹住,然后与沉淀物接触,检验沉淀物的磁性。

3. 处理后水质的检验

(1)K_2CrO_4 标准曲线的绘制

用吸量管分别移取标准 K_2CrO_4 溶液 0.00、0.50mL、1.00mL、2.00mL、4.00mL、6.00mL、8.00mL、10.00mL 各置于 50mL 容量瓶中,然后每一只容量瓶中加入约 30mL 去离子水和 2.5mL 二苯碳酰二肼溶液,最后用去离子水稀释到刻度,摇匀,让其静置 10min。以试剂空白为参比溶液,在 540nm 波长处测量溶液的吸光度 A,绘制曲线。

(2)处理后水样中 Cr(Ⅵ) 的含量

往容量瓶中加入 2.5mL 二苯碳酰二肼溶液,然后取 2. 中处理后的滤液 10.00mL,加入 50mL 容量瓶中,用水稀释到刻度,摇匀,静置 10 min。然后用同样的方法在 540 nm 处测出其吸光度。

(3)计算

根据测定的吸光度,在标准曲线上查出相对应的 Cr(Ⅵ) 的质量(mg),再用下面的公式算出每升废水试样中的含量:

$$w_{Cr(Ⅵ)}=\frac{c\times 1000}{V}(mg/L)$$

式中 c——在标准曲线上查到的 Cr(Ⅵ) 的含量,mg/L;

V——所取含铬废水试样的体积,mL。

实验四十五 饲料中铜含量的测定

一、实验目的

1. 知识目标

掌握工作曲线的绘制,火焰原子吸收分光光度计的使用方法,铜含量的测定原理。

2. 技能目标

掌握干灰法的操作技能,火焰原子吸收分光光度计的操作方法。

二、预习思考
1. 在炭化样品时为什么一定要等到烟雾逸散完全后再进行下一步操作？
2. 铜标准溶液为啥要现用现配？
3. 预习要点：马弗炉的操作；标准溶液的配制。

三、实验原理和技能
1. 实验原理
同一种溶质的溶液，当它的浓度不同时对光波的吸收也不同，在本实验中，样品分解后导入火焰原子吸收分光光度计。经原子化后，吸收 324.8 nm 的光波，它的吸收量与铜含量是成正比的。先用已知浓度的标准溶液进行测定，绘制出标准工作曲线，然后在标准工作曲线上找到样品吸光度的位置点，从而查出样品中的铜含量。

2. 实验技能
掌握样品的干灰化法和火焰原子吸收分光光度计的使用。

四、主要仪器及试剂
1. 仪器
分析天平、马弗炉、坩埚、电炉、100mL 容量瓶、50mL 容量瓶。
2. 试剂
0.5% HNO_3、浓硝酸、50% HNO_3、10 μg/mL 铜标准工作溶液。

五、实验内容
1. 样品分解
采用干灰法。准确称取 5.0g 的样品置于坩埚中。于电炉上缓慢加热至炭化，然后移入马弗炉中，500℃下灰化 5h，放冷，取出坩埚，加入 1mL 浓硝酸，润湿残渣，用小火蒸干，重新放入马弗炉，550℃灼烧 1 h，取下冷却，加入 1mL 50% HNO_3，加热使灰分溶解，过滤，移入 50mL 容量瓶中。用水洗涤坩埚数次，洗液并入容量瓶中，定容至刻度。同时做空白试验。

2. 配制铜标准曲线溶液
准确吸取 0.00mL、1.00mL、2.00mL、4.00mL、6.00mL、8.00mL 10 μg/mL 铜标准工作溶液，分别加入 100mL 容量瓶中，用 0.5% 的 HNO_3 溶液稀释至刻度。

3. 调节火焰原子吸收分光光度计的各参数
波长 324.8nm，灯光电流 6mA，狭缝 0.19nm，空气流量 9L/min，乙炔流量 2L/min，灯头高度 3mm。

4. 测定
把样品分解液、试剂空白液和各种浓度的铜标准曲线溶液分别导入火焰中进行测定，然后用不同铜含量对应的吸光度来绘制标准曲线，从绘制的工作曲线中查出相对应的样品中铜含量。

实验四十六　配位滴定法测定蛋壳中钙、镁含量

一、实验目的
1. 知识目标
进一步巩固与掌握配位滴定分析的方法与原理。

2. 技能目标

掌握使用配位掩蔽法排除干扰离子影响的方法和试样中组分含量测定的一般步骤。

二、提示

鸡蛋壳的主要成分为 $CaCO_3$，其次为 $MgCO_3$、蛋白质、色素以及少量的 Fe、Al。在 pH＝10，用铬黑 T 作指示剂，用 EDTA 直接滴定 Ca^{2+}、Mg^{2+} 总量。为提高配位选择性，在 pH＝10 时，加入三乙醇胺掩蔽 Fe^{3+}、Al^{3+} 等，以排除它们对 Ca^{2+}、Mg^{2+} 测定的干扰。

三、主要仪器及试剂

1. 仪器

天平、酸式滴定管、移液管等。

2. 试剂

HCl（6mol/L）、铬黑 T 指示剂、三乙醇胺水溶液（1∶2）、NH_3-NH_4Cl 缓冲液（pH＝10）、EDTA 标准溶液（0.01mol/L）。

四、实验内容

1. 蛋壳预处理

先将蛋壳洗净，加水煮沸 5～10 min，去除蛋壳内表层的蛋白薄膜，然后把蛋壳放入烧杯中用小火烤干，研成粉末。

2. 实验方案的确定

自拟定蛋壳称量范围的实验方案。

3. 钙、镁总量的测定

准确称取定量的蛋壳粉末，小心滴加 6mol/L HCl 4～5mL，微火加热至完全溶解（少量蛋白膜不溶），冷却，转移至 250mL 容量瓶，稀释至接近刻度线，若有泡沫，滴加 2～3 滴 95％乙醇，泡沫消除后，滴加水至刻度线后摇匀。

吸取试剂 25.00mL 于 250mL 锥形瓶中，分别加去离子水 20mL、三乙醇胺 5mL，摇匀。再加 NH_3-NH_4Cl 缓冲溶液 10mL，摇匀。放入少许铬黑 T 指示剂，用 EDTA 标准溶液滴定至溶液由酒红色恰变成纯蓝色，即达终点。根据 EDTA 消耗的体积计算 Ca^{2+}、Mg^{2+} 总量，以 CaO 的质量分数表示。

$$w(CaO) = \frac{c(EDTA)V(EDTA)M(CaO)}{m_s} \times 100\%$$

实验四十七　固体酒精的制作

一、实验目的

1. 知识目标

进一步巩固与掌握有关凝胶的基本知识。

2. 技能目标

锻炼学生动手能力，培养学生从化学角度制备生活用品。

二、提示

固体酒精并不是固体状态的酒精（酒精的熔点很低，是－117.3℃，常温下不可能是固体），而是乙酸钠与酒精形成的凝胶。乙酸钠易溶于水而难溶于酒精，当两种溶液相混合时，乙酸钠在酒精中成为凝胶析出。液体便逐渐从浑浊到稠厚，最后凝聚为一整块，就得到固体酒精。

三、主要仪器及试剂
1. 仪器
试管、酒精灯、玻璃棒、火柴。
2. 试剂
醋精（30% CH_3COOH 溶液）、工业酒精（95% C_2H_5OH 溶液）、食用纯碱（Na_2CO_3）。

四、实验内容
将纯碱制成热的饱和溶液，将醋精慢慢加入碳酸钠溶液中，直到不再产生气泡为止，将所得溶液蒸发制成饱和溶液。在溶液中慢慢加入酒精，待溶液冷却后，即可得到固体酒精。将所得固体酒精盛放到铁罐中，使用时点燃即可。

在纯碱溶液中慢慢加入酒精时一开始酒精会剧烈沸腾，需慢慢倒入酒精。

实验四十八　盐酸-氯化铵混合溶液各组分含量的测定

一、实验目的
1. 知识目标
掌握强酸的滴定和弱酸强化的原理。
2. 技能目标
掌握酸碱连续滴定指示剂的选择和滴定终点的判断。

二、提示
1. HCl-NH_4Cl 混合溶液的浓度为 1mol/L，测定该混合液中各组分的含量，需将混合溶液稀释 1 倍。
2. HCl 为强酸，可用强碱标准溶液直接滴定。
3. NH_4^+ 的酸性较弱，不能直接滴定，应加入甲醛将 NH_4^+ 强化后再进行滴定。
4. 用强碱标准溶液滴定 HCl 后，在此溶液中直接继续滴定。

三、主要仪器及试剂
1. 仪器
分析天平、滴定管、锥形瓶、洗耳球、移液管、容量瓶。
2. 试剂
酚酞、0.1mol/L NaOH 标准溶液、18% 甲醛、邻苯二甲酸氢钾。

四、实验内容
1. NaOH 标准溶液的标定。
2. HCl-NH_4Cl 混合溶液的稀释。
3. HCl 含量的测定。
4. 混合液中 NH_4^+ 的强化及测定。
5. 求出 HCl-NH_4Cl 混合液中各组分的含量。

6. 实验完成后，写出实验报告。

实验四十九　黄铜中铜锌含量的测定

一、实验目的
1. 知识目标
学习样品的预处理方法。
2. 技能目标
熟练掌握混合金属离子掩蔽解蔽方法的运用；练习灵活运用配位滴定的基本操作能力和查阅文献的能力。

二、提示
1. 铜合金的溶解。
2. 可先测定铜锌总量，然后加入掩蔽剂，再加入解蔽剂，释放出锌离子，再测定锌离子。

三、主要仪器及试剂
1. 仪器
滴定管、移液管、容量瓶、电炉、分析天平。
2. 试剂
0.01000mol/L EDTA、6mol/L HCl、10％ $Na_2S_2O_3$、NaAc-HAc、二甲酚橙（XO）、1-(2-吡啶偶氮)-2-萘酚（PAN）、H_2O_2、氨水、pH＝10 的缓冲溶液、KCN 溶液、铬黑 T。

四、实验内容
1. 查阅有关文献，完成实验设计。
2. 铜合金的溶解。
3. 铜锌含量的分别测定。
4. 实验完成后，写出实验报告。

附　录

附录1　国际原子量表（2013）

元素符号	名称	英文名	原子序数	原子量	元素符号	名称	英文名	原子序数	原子量
H	氢	Hydrogen	1	1.008	Cu	铜	Copper	29	63.546(3)
He	氦	Helium	2	4.002602(2)	Zn	锌	Zinc	30	65.38(2)
Li	锂	Lithium	3	6.94	Ga	镓	Gallium	31	69.723(1)
Be	铍	Beryllium	4	9.0121831(5)	Ge	锗	Germanium	32	72.630(8)
B	硼	Boron	5	10.81	As	砷	Arsenic	33	74.921595(6)
C	碳	Carbon	6	12.011	Se	硒	Selenium	34	78.971(8)
N	氮	Nitrogen	7	14.007	Br	溴	Bromine	35	79.904
O	氧	Oxygen	8	15.999	Kr	氪	Krypton	36	83.798(2)
F	氟	Fluorine	9	18.998403163(6)	Rb	铷	Rubidium	37	85.4678(3)
Ne	氖	Neon	10	20.1797(6)	Sr	锶	Strontium	38	87.62(1)
Na	钠	Sodium	11	22.98976928(2)	Y	钇	Yttrium	39	88.90584(2)
Mg	镁	Magnesium	12	24.305	Zr	锆	Zirconium	40	91.224(2)
Al	铝	Aluminum	13	26.9815385(7)	Nb	铌	Niobium	41	92.90637(2)
Si	硅	Silicon	14	28.085	Mo	钼	Molybdenum	42	95.95(1)
P	磷	Phosphorus	15	30.973761998(5)	Tc	锝	Technetium	43	97.90721(3)*
S	硫	Sulphur	16	32.06	Ru	钌	Ruthenium	44	101.07(2)
Cl	氯	Chlorine	17	35.45	Rh	铑	Rhodium	45	102.90550(2)
Ar	氩	Argon	18	39.948(1)	Pd	钯	Palladium	46	106.42(1)
K	钾	Potassium	19	39.0983(1)	Ag	银	Silver	47	107.8682(2)
Ca	钙	Calcium	20	40.078(4)	Cd	镉	Cadmium	48	112.414(4)
Sc	钪	Scandium	21	44.955908(5)	In	铟	Indium	49	114.818(1)
Ti	钛	Titanium	22	47.867(1)	Sn	锡	Tin	50	118.710(7)
V	钒	Vanadium	23	50.9415(1)	Sb	锑	Antimony	51	121.760(1)
Cr	铬	Chromium	24	51.9961(6)	Te	碲	Tellurium	52	127.60(3)
Mn	锰	Manganese	25	54.938044(3)	I	碘	Iodine	53	126.90447(3)
Fe	铁	Iron	26	55.845(2)	Xe	氙	Xenon	54	131.293(6)
Co	钴	Cobalt	27	58.933194(4)	Cs	铯	Cesium	55	132.90545196(6)
Ni	镍	Nickel	28	58.6934(4)	Ba	钡	Barium	56	137.327(7)

续表

符号	名称	英文名	原子序数	原子量	符号	名称	英文名	原子序数	原子量
La	镧	Lanthanum	57	138.90547(7)	Ra	镭	Radium	88	226.02541(2)*
Ce	铈	Cerium	58	140.116(1)	Ac	锕	Actinium	89	227.02775(2)*
Pr	镨	Praseodymium	59	140.90766(2)	Th	钍	Thorium	90	232.0377(4)*
Nd	钕	Neodymium	60	144.242(3)	Pa	镤	Protactinium	91	231.03588(2)*
Pm	钷	Promethium	61	144.91276(2)	U	铀	Uranium	92	238.02891(3)*
Sm	钐	Samarium	62	150.36(2)	Np	镎	Neptunium	93	237.04817(2)*
Eu	铕	Europium	63	151.964(1)	Pu	钚	Plutonium	94	244.06421(4)*
Gd	钆	Gadolinium	64	157.25(3)	Am	镅	Americium	95	243.06138(2)*
Tb	铽	Terbium	65	158.92535(2)	Cm	锔	Curium	96	247.07035(3)*
Dy	镝	Dysprosium	66	162.500(1)	Bk	锫	Berkelium	97	247.07031(4)*
Ho	钬	Holmium	67	164.93033(2)	Cf	锎	Californium	98	251.07959(3)*
Er	铒	Erbium	68	167.259(3)	Es	锿	Einsteinium	99	252.0830(3)*
Tm	铥	Thulium	69	168.93422(2)	Fm	镄	Fermium	100	257.09511(5)*
Yb	镱	Ytterbium	70	173.045(10)	Md	钔	Mendelevium	101	258.09843(3)*
Lu	镥	Lutetium	71	174.9668(1)	No	锘	Nobelium	102	259.1010(7)*
Hf	铪	Hafnium	72	178.49(2)	Lr	铹	Lawrencium	103	262.110(2)*
Ta	钽	Tantalum	73	180.94788(2)	Rf	𬬻	Rutherfordium	104	267.122(4)*
W	钨	Tungsten	74	183.84(1)	Db	𬭊	Dubnium	105	270.131(4)*
Re	铼	Rhenium	75	186.207(1)	Sg	𬭳	Seaborgium	106	269.129(3)*
Os	锇	Osmium	76	190.23(3)	Bh	𬭛	Bohrium	107	270.133(2)*
Ir	铱	Iridium	77	192.217(3)	Hs	𬭶	Hassium	108	270.134(2)*
Pt	铂	Platinum	78	195.084(9)	Mt	鿏	Meitnerium	109	278.156(5)*
Au	金	Gold	79	196.966569(5)	Ds	𫟼	Darmstadtium	110	281.165(4)*
Hg	汞	Mercury	80	200.592(3)	Rg	𬬭	Roentgenium	111	281.166(6)*
Tl	铊	Thallium	81	204.38	Cn	鿔	Copernicium	112	285.177(4)*
Pb	铅	Lead	82	207.2(1)	Nh	鿭	Nihonium	113	286.182(5)*
Bi	铋	Bismuth	83	208.98040(1)	Fl	𫓧	Flerovium	114	289.190(4)*
Po	钋	Polonium	84	208.98243(2)*	Mc	镆	Moscovium	115	289.194(6)*
At	砹	Astatine	85	209.98715(5)*	Lv	𫟷	Livermorium	116	293.204(4)*
Rn	氡	Radon	86	222.01758(2)*	Ts	鿬	Tennessine	117	293.208(6)*
Fr	钫	Francium	87	223.01974(2)*	Og	鿫	Oganesson	118	294.214(5)*

注：1. 数据源自 2013 年 IUPAC 元素周期表，以 $^{12}C=12$ 为基准。
2. 中国科学技术名词审定委员会于 2017 年 5 月公布 113、115、117、118 号元素的中文名称。

附录2 常见化合物的摩尔质量

化合物	摩尔质量/(g/mol)	化合物	摩尔质量/(g/mol)	化合物	摩尔质量/(g/mol)
Ag_3AsO_4	462.52	$CoCl_2 \cdot 6H_2O$	237.93	H_3BO_3	61.83
$AgBr$	187.77	$Co(NO_3)_2$	132.94	HBr	80.912
$AgCl$	143.32	$Co(NO_3)_2 \cdot 6H_2O$	291.03	HCN	27.026
$AgCN$	133.89	CoS	90.99	$HCOOH$	46.026
$AgSCN$	165.95	$CoSO_4$	154.99	CH_3COOH	60.052
Ag_2CrO_4	331.73	$CoSO_4 \cdot 7H_2O$	281.10	H_2CO_3	62.025
AgI	234.77	$CO(NH_2)_2$	60.06	$H_2C_2O_4$	90.035
$AgNO_3$	169.87	$CrCl_3$	158.35	$H_2C_2O_4 \cdot 2H_2O$	126.07
$AlCl_3$	133.34	$CrCl_3 \cdot 6H_2O$	266.45	HCl	36.461
$AlCl_3 \cdot 6H_2O$	241.43	$Cr(NO_3)_3$	238.01	HF	20.006
$Al(NO_3)_3$	213.00	Cr_2O_3	151.99	HI	127.91
$Al(NO_3)_3 \cdot 9H_2O$	375.13	$CuCl$	98.999	HIO_3	175.91
Al_2O_3	101.96	$CuCl_2$	134.45	HNO_3	63.013
$Al(OH)_3$	78.00	$CuCl_2 \cdot 2H_2O$	170.48	HNO_2	47.013
$Al_2(SO_4)_3$	342.14	$CuSCN$	121.62	H_2O	18.015
$Al_2(SO_4)_3 \cdot 18H_2O$	666.41	CuI	190.45	H_2O_2	34.015
As_2O_3	197.84	$Cu(NO_3)_2$	187.56	H_3PO_4	97.995
As_2O_5	229.84	$Cu(NO_3)_2 \cdot 3H_2O$	241.60	H_2S	34.08
As_2S_3	246.02	CuO	79.545	H_2SO_3	82.07
$BaCO_3$	197.34	Cu_2O	143.09	H_2SO_4	98.07
BaC_2O_4	225.35	CuS	95.61	$Hg(CN)_2$	252.63
$BaCl_2$	208.24	$CuSO_4$	159.60	$HgCl_2$	271.50
$BaCl_2 \cdot 2H_2O$	244.27	$CuSO_4 \cdot 5H_2O$	249.68	Hg_2Cl_2	472.09
$BaCrO_4$	253.32	$FeCl_2$	126.75	HgI_2	454.40
BaO	153.33	$FeCl_2 \cdot 4H_2O$	198.81	$Hg_2(NO_3)_2$	525.19
$Ba(OH)_2$	171.34	$FeCl_3$	162.21	$Hg_2(NO_3)_2 \cdot 2H_2O$	561.22
$BaSO_4$	233.39	$FeCl_3 \cdot 6H_2O$	270.30	$Hg(NO_3)_2$	324.60
$BiCl_3$	315.34	$FeNH_4(SO_4)_2 \cdot 12H_2O$	482.18	HgO	216.59
$BiOCl$	260.43	$Fe(NO_3)_3$	241.86	HgS	232.65
CO_2	44.01	$Fe(NO_3)_3 \cdot 9H_2O$	404.00	$HgSO_4$	296.65
CaO	56.08	FeO	71.846	Hg_2SO_4	497.24
$CaCO_3$	100.09	Fe_2O_3	159.69	$KAl(SO_4)_2 \cdot 12H_2O$	474.38
CaC_2O_4	128.10	Fe_3O_4	231.54	KBr	119.00
$CaCl_2$	110.99	$Fe(OH)_3$	106.87	$KBrO_3$	167.00
$CaCl_2 \cdot 6H_2O$	219.08	FeS	87.91	KCl	74.551
$Ca(NO_3)_2 \cdot 4H_2O$	236.15	Fe_2S_3	207.87	$KClO_3$	122.55
$Ca(OH)_2$	74.09	$FeSO_4$	151.90	$KClO_4$	138.55
$Ca_3(PO_4)_2$	310.18	$FeSO_4 \cdot 7H_2O$	278.01	KCN	65.116
$CaSO_4$	136.14	$FeSO_4 \cdot (NH_4)_2SO_4 \cdot 6H_2O$	392.13	$KSCN$	97.18
$CdCO_3$	172.42	H_3AsO_3	125.94		
$CdCl_2$	183.32	H_3AsO_4	141.94		
CdS	144.47				
$Ce(SO_4)_2$	332.24				
$Ce(SO_4)_2 \cdot 4H_2O$	404.30				
$CoCl_2$	129.84				

化合物	摩尔质量/(g/mol)	化合物	摩尔质量/(g/mol)	化合物	摩尔质量/(g/mol)
K_2CO_3	138.21	NH_3	17.03	$PbCO_3$	267.20
K_2CrO_4	194.19	CH_3COONH_4	77.083	PbC_2O_4	295.22
$K_2Cr_2O_7$	294.18	NH_4Cl	53.491	$PbCl_2$	278.10
$K_3[Fe(CN)_6]$	329.25	$(NH_4)_2CO_3$	96.086	$PbCrO_4$	323.20
$K_4[Fe(CN)_6]$	368.35	$(NH_4)_2C_2O_4$	124.10	$Pb(CH_3COO)_2$	325.30
$KFe(SO_4)_2 \cdot 12H_2O$	503.24	$(NH_4)_2C_2O_4 \cdot H_2O$	142.11	$Pb(CH_3COO)_2 \cdot 3H_2O$	379.30
$KHC_2O_4 \cdot H_2O$	146.14	NH_4SCN	76.12	PbI_2	461.00
$KHC_2O_4 \cdot H_2C_2O_4 \cdot 2H_2O$	254.19	NH_4HCO_3	79.055	$Pb(NO_3)_2$	331.20
$KHC_4H_4O_6$	188.18	$(NH_4)_2MoO_4$	196.01	PbO	223.20
$KHSO_4$	136.16	NH_4NO_3	80.043	PbO_2	239.20
KI	166.00	$(NH_4)_2HPO_4$	132.06	$Pb_3(PO_4)_2$	811.54
KIO_3	214.00	$(NH_4)_2S$	68.14	PbS	239.30
$KIO_3 \cdot HIO_3$	389.91	$(NH_4)_2SO_4$	132.13	$PbSO_4$	303.30
$KMnO_4$	158.03	NH_4VO_3	116.98	SO_3	80.06
$KNaC_4H_4O_6 \cdot 4H_2O$	282.22	Na_3AsO_3	191.89	SO_2	64.06
KNO_3	101.10	$Na_2B_4O_7$	201.22	$SbCl_3$	228.11
KNO_2	85.104	$Na_2B_4O_7 \cdot 10H_2O$	381.37	$SbCl_5$	299.02
K_2O	94.196	$NaBiO_3$	279.97	Sb_2O_3	291.50
KOH	56.106	$NaCN$	49.007	Sb_3S_3	339.68
K_2SO_4	174.25	$NaSCN$	81.07	SiF_4	104.08
$MgCO_3$	84.314	Na_2CO_3	105.99	SiO_2	60.084
$MgCl_2$	95.211	$Na_2CO_3 \cdot 10H_2O$	286.14	$SnCl_2$	189.62
$MgCl_2 \cdot 6H_2O$	203.30	$Na_2C_2O_4$	134.00	$SnCl_2 \cdot 2H_2O$	225.65
MgC_2O_4	112.33	CH_3COONa	82.034	$SnCl_4$	260.52
$Mg(NO_3)_2 \cdot 6H_2O$	256.41	$CH_3COONa \cdot 3H_2O$	136.08	$SnCl_4 \cdot 5H_2O$	350.596
$MgNH_4PO_4$	137.32	$NaCl$	58.443	SnO_2	150.71
MgO	40.304	$NaClO$	74.442	SnS	150.776
$Mg(OH)_2$	58.32	$NaHCO_3$	84.007	$SrCO_3$	147.63
$Mg_2P_2O_7$	222.55	$Na_2HPO_4 \cdot 12H_2O$	358.14	SrC_2O_4	175.64
$MgSO_4 \cdot 7H_2O$	246.47	$Na_2H_2Y \cdot 2H_2O$	372.24	$SrCrO_4$	203.61
$MnCO_3$	114.95	$NaNO_2$	68.995	$Sr(NO_3)_2$	211.63
$MnCl_2 \cdot 4H_2O$	197.91	$NaNO_3$	84.995	$Sr(NO_3)_2 \cdot 4H_2O$	283.69
$Mn(NO_3)_2 \cdot 6H_2O$	287.04	Na_2O	61.979	$SrSO_4$	183.68
MnO	70.937	Na_2O_2	77.978	$UO_2(CH_3COO)_2 \cdot 2H_2O$	424.15
MnO_2	86.937	$NaOH$	39.997	$ZnCO_3$	125.39
MnS	87.00	Na_3PO_4	163.94	ZnC_2O_4	153.40
$MnSO_4$	151.00	Na_2S	78.04	$ZnCl_2$	136.29
$MnSO_4 \cdot 4H_2O$	223.06	$Na_2S \cdot 9H_2O$	240.18	$Zn(CH_3COO)_2$	183.47
		Na_2SO_3	126.04	$Zn(CH_3COO)_2 \cdot 2H_2O$	219.50
		Na_2SO_4	142.04	$Zn(NO_3)_2$	189.39
		$Na_2S_2O_3$	158.10	$Zn(NO_3)_2 \cdot 6H_2O$	297.48
		$Na_2S_2O_3 \cdot 5H_2O$	248.17	ZnO	81.38
		$NiCl_2 \cdot 6H_2O$	237.69	ZnS	97.44
		NiO	74.69	$ZnSO_4$	161.44
		$Ni(NO_3)_2 \cdot 6H_2O$	290.79	$ZnSO_4 \cdot 7H_2O$	287.54
		NiS	90.75		
NO	30.006	$NiSO_4 \cdot 7H_2O$	280.85		
NO_2	46.006	P_2O_5	141.94		

附录3 不同温度下水的密度

温度/K	密度/(g/cm³)	温度/K	密度/(g/cm³)	温度/K	密度/(g/cm³)
273.2	0.999841	283.4	0.999682	293.6	0.998120
273.4	0.999854	283.6	0.999664	293.8	0.998078
273.6	0.999866	283.8	0.999645	294.0	0.998035
273.8	0.999878	284.0	0.999625	294.2	0.997992
274.0	0.999889	284.2	0.999605	294.4	0.997948
274.2	0.999900	284.4	0.999585	294.6	0.997904
274.4	0.999909	284.6	0.999564	294.8	0.997860
274.6	0.999918	284.8	0.999542	295.0	0.997815
274.8	0.999927	285.0	0.999520	295.2	0.997770
275.0	0.999934	285.2	0.999498	295.4	0.997724
275.2	0.999941	285.4	0.999475	295.6	0.997678
275.4	0.999947	285.6	0.999451	295.8	0.997632
275.6	0.999953	285.8	0.999427	296.0	0.997585
275.8	0.999958	286.0	0.999402	296.2	0.997538
276.0	0.999962	286.2	0.999377	296.4	0.997490
276.2	0.999965	286.4	0.999352	296.6	0.997442
276.4	0.999968	286.6	0.999326	296.8	0.997394
276.6	0.999970	286.8	0.999299	297.0	0.997345
276.8	0.999972	287.0	0.999272	297.2	0.997296
277.0	0.999973	287.2	0.999244	297.4	0.997246
277.2	0.999973	287.4	0.999216	297.6	0.997196
277.4	0.999973	287.6	0.999188	297.8	0.997146
277.6	0.999972	287.8	0.999159	298.0	0.997095
277.8	0.999970	288.0	0.999129	298.2	0.997044
278.0	0.999968	288.2	0.999099	298.4	0.996992
278.2	0.999965	288.4	0.999069	298.6	0.996941
278.4	0.999961	288.6	0.999038	298.8	0.996888
278.6	0.999957	288.8	0.999007	299.0	0.996836
278.8	0.999952	289.0	0.998975	299.2	0.996783
279.0	0.999947	289.2	0.998943	299.4	0.996729
279.2	0.999941	289.4	0.998910	299.6	0.996676
279.4	0.999935	289.6	0.998877	299.8	0.996621
279.6	0.999927	289.8	0.998843	300.0	0.996567
279.8	0.999920	290.0	0.998809	300.2	0.996512
280.0	0.999911	290.2	0.998774	300.4	0.996457
280.2	0.999902	290.4	0.998739	300.6	0.996401
280.4	0.999893	290.6	0.998704	300.8	0.996345
280.6	0.999883	290.8	0.998668	301.0	0.996289
280.8	0.999872	291.0	0.998632	301.2	0.996232
281.0	0.999861	291.2	0.998595	301.4	0.996175
281.2	0.999849	291.4	0.998558	301.6	0.996118
281.4	0.999837	291.6	0.998520	301.8	0.996060
281.6	0.999824	291.8	0.998482	302.0	0.996002
281.8	0.999810	292.0	0.998444	302.2	0.995944
282.0	0.999796	292.2	0.998405	302.4	0.995885
282.2	0.999781	292.4	0.998365	302.6	0.995826
282.4	0.999766	292.6	0.998325	302.8	0.995766
282.6	0.999751	292.8	0.998285	303.0	0.995706
282.8	0.999734	293.0	0.998244	303.2	0.995646
283.0	0.999717	293.2	0.998203		
283.2	0.999700	293.4	0.998162		

注：摘自 J A Lange's Handbook of Chemistry. 10-127, 11th edition (1973).

附录4 不同温度下水的饱和蒸气压

($\times 10^2$ Pa，273.2~313.2K)

温度/K	0.0	0.2	0.4	0.6	0.8
273		6.105	6.195	6.286	6.379
274	6.473	6.567	6.663	6.759	6.858
275	6.958	7.058	7.159	7.262	7.366
276	7.473	7.579	7.687	7.797	7.907
277	8.019	8.134	8.249	8.365	8.483
278	8.603	8.723	8.846	8.970	9.095
279	9.222	9.350	9.481	9.611	9.745
280	9.881	10.017	10.155	10.295	10.436
281	10.580	10.726	10.872	11.022	11.172
282	11.324	11.478	11.635	11.792	11.952
283	12.114	12.278	12.443	12.610	12.779
284	12.951	13.124	13.300	13.478	13.658
285	13.839	14.023	14.210	14.397	14.587
286	14.779	14.973	15.171	15.369	15.572
287	15.776	15.981	16.191	16.401	16.615
288	16.831	17.049	17.260	17.493	17.719
289	17.947	18.177	18.410	18.648	18.886
290	19.128	19.372	19.618	19.869	20.121
291	20.377	20.634	20.896	21.160	21.426
292	21.694	21.968	22.245	22.523	22.805
293	23.090	23.378	23.669	23.963	24.261
294	24.561	24.865	25.171	25.482	25.797
295	26.114	26.434	26.758	27.086	27.418
296	27.751	28.088	28.430	28.775	29.124
297	29.478	29.834	30.195	30.560	30.928
298	31.299	31.672	32.049	32.432	32.820
299	33.213	33.609	34.009	34.413	34.820
300	35.232	35.649	36.070	36.496	36.925
301	37.358	37.796	38.237	38.683	39.135
302	39.593	40.054	40.519	40.990	41.466
303	41.945	42.429	42.918	43.411	43.908
304	44.412	44.923	45.439	45.958	46.482
305	47.011	47.547	48.087	48.632	49.184
306	49.740	50.301	50.869	51.441	52.020
307	52.605	53.193	53.788	54.390	54.997
308	55.609	56.229	56.854	57.485	58.122
309	58.766	59.412	60.067	60.727	61.395
310	62.070	62.751	63.437	64.131	64.831
311	65.537	66.251	66.969	67.693	68.425
312	69.166	69.917	70.673	71.434	72.202
313	72.977	73.759			

注：摘自 R C Weast, Handbook of Chemistry and Physics. D-189, 70th edition, 1989~1990.

附录5　常用基准物质

基准物质 名称	基准物质 分子式	干燥后组成	干燥条件	标定对象
碳酸氢钠	$NaHCO_3$	Na_2CO_3	270～300℃	酸
碳酸钠	$Na_2CO_3 \cdot 10H_2O$	Na_2CO_3	270～300℃	酸
硼砂	$Na_2B_4O_7 \cdot 10H_2O$	$Na_2B_4O_7 \cdot 10H_2O$	放在含 NaCl 和蔗糖饱和溶液的干燥器中	酸
碳酸氢钾	$KHCO_3$	K_2CO_3	270～300℃	酸
草酸	$H_2C_2O_4 \cdot 2H_2O$	$H_2C_2O_4 \cdot 2H_2O$	室温空气干燥	碱或 $KMnO_4$
邻苯二甲酸氢钾	$KHC_8H_4O_4$	$KHC_8H_4O_4$	110～120℃	碱
重铬酸钾	$K_2Cr_2O_7$	$K_2Cr_2O_7$	140～150℃	还原剂
溴酸钾	$KBrO_3$	$KBrO_3$	130℃	还原剂
碘酸钾	KIO_3	KIO_3	130℃	还原剂
铜	Cu	Cu	室温干燥器中保存	还原剂
三氧化二砷	As_2O_3	As_2O_3	室温干燥器中保存	氧化剂
草酸钠	$Na_2C_2O_4$	$Na_2C_2O_4$	130℃	氧化剂
碳酸钙	$CaCO_3$	$CaCO_3$	110℃	EDTA
锌	Zn	Zn	室温干燥器中保存	EDTA
氧化锌	ZnO	ZnO	900～1000℃	EDTA
氯化钠	NaCl	NaCl	500～600℃	$AgNO_3$
氯化钾	KCl	KCl	500～600℃	$AgNO_3$
硝酸银	$AgNO_3$	$AgNO_3$	220～250℃	氯化物
氨基磺酸	$HOSO_2NH_2$	$HOSO_2NH_2$	在真空 H_2SO_4 干燥器中保存48h	碱
氟化钠	NaF	NaF	铂坩埚中 500～550℃ 下保存 40～50min 后，H_2SO_4 干燥器中冷却	

附录6　常用标准缓冲溶液及配制

基准试剂 名称	基准试剂 化学式	干燥条件 T	配制方法 浓度/(mol/L)	配制方法 方法	标准pH值 (298K)
草酸三氢钾	$KH_3(C_2O_4)_2 \cdot 2H_2O$	(330 ± 2)K，烘干4~5h	0.05	12.61g $KH_3(C_2O_4)_2 \cdot 2H_2O$ 溶于水后于1L容量瓶中定容	1.68±0.01
酒石酸氢钾	$KHC_4H_4O_6$		饱和溶液	过饱和的酒石酸氢钾溶液(大于6.4g/L)，在温度296~300K振荡20~30min	3.56±0.01
邻苯二甲酸氢钾	$KHC_8H_4O_4$	(378 ± 5)K，烘干2h	0.05	称取 $KHC_8H_4O_4$ 10.12g 溶解后于1L容量瓶中定容	4.00±0.01
磷酸氢二钠-磷酸二氢钾	Na_2HPO_4-KH_2PO_4	383~393K，烘干2~3h	0.025	称取 Na_2HPO_4 3.533g、KH_2PO_4 3.387g，溶解后于1L容量瓶中定容	6.86±0.01
四硼酸钠	$Na_2B_4O_7 \cdot 10H_2O$	在氯化钠和蔗糖饱和溶液中干燥至恒重	0.01	称取3.80g $Na_2B_4O_7 \cdot 10H_2O$ 溶解后于1L容量瓶中定容	9.18±0.01
氢氧化钙	$Ca(OH)_2$		饱和溶液	过饱和的氢氧化钙溶液(大于2g/L)，在温度296~300K振荡20~30min	12.46±0.01

注：标准缓冲溶液的pH随温度的变化而变化。

附录7　常用缓冲溶液及配制

缓冲溶液组成	pK_a	缓冲液pH	缓冲溶液配制方法
氨基乙酸-HCl	2.53(pK_{a_1})	2.3	取150g氨基乙酸溶于500mL水中后，加80mL浓HCl，水稀释至1L
H_3PO_4-柠檬酸盐		2.5	取113g $Na_2HPO_4 \cdot 12H_2O$ 溶200mL水后，加387g柠檬酸，溶解，过滤，稀至1L
一氯乙酸-NaOH	2.86	2.8	取200g一氯乙酸溶于200mL水中，加40g NaOH溶解后，稀至1L
邻苯二甲酸氢钾-HCl	2.95(pK_{a_1})	2.9	取500g邻苯二甲酸氢钾溶于500mL水中，加80mL浓HCl，稀至1L
甲酸-NaOH	3.76	3.7	取95g甲酸和40g NaOH溶于500mL水中，稀至1L
NaAc-HAc	4.74	4.2	取3.2g 无水NaAc溶于水中，加50mL冰HAc，用水稀至1L
NH_4Ac-HAc		4.5	取77g NH_4Ac 溶于200mL水中，加59mL冰HAc，稀至1L
NaAc-HAc	4.74	4.7	取83g 无水NaAc溶于水中，加60mL冰HAc，稀至1L
NaAc-HAc	4.74	5.0	取160g 无水NaAc溶于水中，加60mL冰HAc，稀至1L
NH_4Ac-HAc		5.0	取250g NH_4Ac 溶于水中，加25mL冰HAc，稀至1L
六亚甲基四胺-HCl	5.15	5.4	取40g 六亚甲基四胺溶于200mL水中，加100mL浓HCl，稀至1L
NH_4Ac-HAc		6.0	取600g NH_4Ac 溶于水中，加20mL冰HAc，稀至1L

续表

缓冲溶液组成	pK_a	缓冲液 pH	缓冲溶液配制方法
NaAc-Na$_2$HPO$_4$		8.0	取 50g 无水 NaAc 和 50g Na$_2$HPO$_4$·12H$_2$O,溶于水中,稀至 1L
Tris-HCl[Tris=三羟甲基氨基甲烷 CNH$_2$(HOCH$_2$)$_3$]	8.21	8.2	取 25g Tris 试剂溶于水中,加 18mL 浓 HCl,稀至 1L
NH$_3$-NH$_4$Cl	9.26	9.2	取 54g NH$_4$Cl 溶于水中,加 63mL 浓氨水,稀至 1L
NH$_3$-NH$_4$Cl	9.26	9.5	取 54g NH$_4$Cl 溶于水中,加 126mL 浓氨水,稀至 1L
NH$_3$-NH$_4$Cl	9.26	10.0	(1) 取 54g NH$_4$Cl 溶于水中,加 350mL 浓氨水,稀至 1L; (2) 取 67.5g NH$_4$Cl 溶于 200mL 水中,加 570mL 浓氨水,稀至 1L

附录 8 常用酸、碱的浓度

试剂名称	密度/(g/cm^3)	质量分数/%	物质的量浓度/(mol/L)	试剂名称	密度/(g/cm^3)	质量分数/%	物质的量浓度/(mol/L)
浓硫酸	1.84	98	18	浓氢氟酸	1.13	40	23
稀硫酸	1.1	9	2	氢溴酸	1.38	40	7
浓盐酸	1.19	38	12	氢碘酸	1.70	57	7.5
稀盐酸	1.0	7	2	冰醋酸	1.05	99	17.5
浓硝酸	1.4	68	16	稀乙酸	1.04	30	5
稀硝酸	1.2	32	6	稀乙酸	1.0	12	2
稀硝酸	1.1	12	2	浓氢氧化钠	1.44	41	14.4
浓磷酸	1.7	85	14.7	稀氢氧化钠	1.1	8	2
稀磷酸	1.05	9	1	浓氨水	0.91	28	14.8
浓高氯酸	1.67	70	11.6	稀氨水	1.0	3.5	2
稀高氯酸	1.12	19	2				

附录 9 常用指示剂

表 1 酸碱指示剂 (291~298K)

指示剂名称	变色 pH 范围	颜色变化	溶液配制方法
甲基紫(第一变色范围)	0.13~0.5	黄—绿	0.1%或 0.05%的水溶液
苦味酸	0.0~1.3	无色—黄	0.1%水溶液
甲基绿	0.1~2.0	黄—绿—浅蓝	0.05%水溶液
孔雀绿(第一变色范围)	0.13~2.0	黄—浅蓝—绿	0.1%水溶液
甲酚红(第一变色范围)	0.2~1.8	红—黄	0.04g 指示剂溶于 100mL 50%乙醇中
甲基紫(第二变色范围)	1.0~1.5	绿—蓝	0.1%水溶液
百里酚蓝(麝香草酚蓝)(第一变色范围)	1.2~2.8	红—黄	0.1g 指示剂溶于 100mL 20%乙醇中

续表

指示剂名称	变色 pH 范围	颜色变化	溶液配制方法
甲基紫（第三变色范围）	2.0~3.0	蓝—紫	0.1%水溶液
茜素黄 R（第一变色范围）	1.9~3.3	红—黄	0.1%水溶液
二甲基黄	2.9~4.0	红—黄	0.1g 或 0.01g 指示剂溶于 100mL 90%乙醇中
甲基橙	3.1~4.4	红—橙黄	0.1%水溶液
溴酚蓝	3.0~4.6	黄—蓝	0.1g 指示剂溶于 100mL 20%乙醇中
刚果红	3.0~5.2	蓝紫—红	0.1%水溶液
茜素红 S（第一变色范围）	3.7~5.2	黄—紫	0.1%水溶液
溴甲酚绿	3.8~5.4	黄—蓝	0.1g 指示剂溶于 100mL 20%乙醇中
甲基红	4.4~6.2	红—黄	0.1g 或 0.2g 指示剂溶于 100mL 60%乙醇中
溴酚红	5.0~6.8	黄—红	0.1g 或 0.04g 指示剂溶于 100mL 20%乙醇中
溴甲酚紫	5.2~6.8	黄—紫红	0.1g 指示剂溶于 100mL 20%乙醇中
溴百里酚蓝	6.0~7.6	黄—蓝	0.05g 指示剂溶于 100mL 20%乙醇中
中性红	6.8~8.0	红—亮黄	0.1g 指示剂溶于 100mL 60%乙醇中
酚红	6.8~8.0	黄—红	0.1g 指示剂溶于 100mL 20%乙醇中
甲酚红	7.2~8.8	亮黄—紫红	0.1g 指示剂溶于 100mL 50%乙醇中
百里酚蓝（麝香草酚蓝）（第二变色范围）	8.0~9.0	黄—蓝	参看第一变色范围
酚酞	8.0~10.0	无色—紫红	(1) 0.1g 指示剂溶于 100mL 60%乙醇中；(2) 1g 酚酞溶于 100mL 50%乙醇中
百里酚酞	9.4~10.6	无色—蓝	0.1g 指示剂溶于 100mL 90%乙醇中
茜素红 S（第二变色范围）	10.0~12.0	紫—淡黄	参看第一变色范围
茜素黄 R（第二变色范围）	10.1~12.1	黄—淡紫	0.1%水溶液
孔雀绿（第二变色范围）	11.5~13.2	蓝绿—无色	参看第一变色范围
达旦黄	12.0~13.0	黄—红	0.1%水溶液

表 2 混合酸碱指示剂

组　成	变色点 pH	颜色		备　注
		酸色	碱色	
一份 0.1%甲基黄乙醇溶液 一份 0.1%亚甲基蓝乙醇溶液	3.25	蓝紫	绿	pH=3.2,蓝紫色 pH=3.4,绿色
四份 0.2%溴甲酚绿乙醇溶液 一份 0.2%二甲基黄乙醇溶液	3.9	橙	绿	变色点黄色
一份 0.2%甲基橙溶液 一份 0.28%靛蓝(二磺酸)乙醇溶液	4.1	紫	黄绿	调节二者比例,直至终点敏锐
一份 0.1%溴百里酚绿钠盐水溶液 一份 0.2%甲基橙水溶液	4.3	黄	蓝绿	pH=3.5,黄色 pH=4.0,黄绿色 pH=4.3,绿色
三份 0.1%溴甲酚绿乙醇溶液 一份 0.2%甲基红乙醇水溶液	5.1	酒红	绿	
一份 0.2%甲基红乙醇水溶液 一份 0.1%亚甲基蓝乙醇溶液	5.4	红紫	绿	pH=5.2,红紫 pH=5.4,暗蓝 pH=5.6,绿

续表

组　　成	变色点 pH	颜　色 酸色	颜　色 碱色	备　　注
一份 0.1% 溴甲酚绿钠盐水溶液 一份 0.1% 氯酚红钠盐水溶液	6.1	黄绿	蓝紫	pH=5.4,蓝绿 pH=5.8,蓝 pH=6.2,蓝紫
一份 0.1% 溴甲酚紫钠盐水溶液 一份 0.1% 溴百里酚蓝钠盐水溶液	6.7	黄	蓝紫	pH=6.2,黄紫 pH=6.6,紫 pH=6.8,蓝紫
一份 0.1% 中性红乙醇溶液 一份 0.1% 亚甲基蓝乙醇溶液	7.0	蓝紫	绿	pH=7.0,蓝紫
一份 0.1% 溴百里酚蓝钠盐水溶液 一份 0.1% 酚红钠盐水溶液	7.5	黄	紫	pH=7.2,暗绿 pH=7.4,淡紫 pH=7.6,深紫
一份 0.1% 甲酚红 50% 乙醇溶液 六份 0.1% 百里酚蓝 50% 乙醇溶液	8.3	黄	紫	pH=8.2,玫瑰色 pH=8.4,紫色 变色点微红色

表 3　金属离子指示剂

指示剂名称	溶液配制方法	备　　注
铬黑 T(EBT)	(1) 0.5% 水溶液； (2) 与 NaCl 按 1:100 质量比例混合	H_2In^-,紫红；HIn^{2-},蓝色；In^{3-},橙色。pK_{a_2}=6.3；pK_{a_3}=11.5。金属离子配合物一般为红色,一般在 pH=8~10 时使用
二甲酚橙(XO)	0.2% 水溶液	H_3In^{4-},黄色；H_2In^{5-},红色。pK_a=6.3,金属离子配合物一般为红色,一般在 pH<6 时使用
K-B 指示剂	0.2g 酸性铬蓝 K 与 0.34g 萘酚绿 B 溶于 100mL 水中。配制后需调节 K-B 的比例,使终点变化明显	H_2In,红色；HIn^-,蓝色；In^{2-},紫红。pK_{a_1}=8；pK_{a_2}=13;金属离子配合物一般为红色。一般在 pH=8~13 时使用
钙指示剂	(1) 0.5% 乙醇溶液； (2) 与 NaCl 按 1:100 质量比例混合	H_2In^-,酒红色；HIn^{2-},蓝色；In^{3-},酒红色。pK_{a_2}=7.4；pK_{a_3}=13.5。金属离子配合物一般为红色。一般在 pH=12~13 时使用
吡啶偶氮萘酚(PAN)	0.1% 或 0.3% 的乙醇溶液	H_2In^+,黄绿；HIn,黄色；In^-,淡红色。pK_{a_1}=1.9；pK_{a_2}=12.2,一般在 pH=2~12 时使用
Cu-PAN(CuY-PAN 溶液)	取 0.05mol/L Cu^{2+} 溶液 10mL,加 pH=5~6 的 HAc 缓冲液 5mL,1滴 PAN 指示剂,加热至 60℃ 左右,用 EDTA 滴至绿色,得到约 0.025mol/L 的 CuY 溶液。使用时取 2~3mL 于试液中,再加数滴 PAN 溶液	CuY+PAN+M^{n+}⇌MY+Cu-PAN CuY+PAN,浅绿色；Cu-PAN,红色。一般在 pH=2~12 时使用
磺基水杨酸	1% 或 10% 的水溶液	H_2In,无色；HIn^-,无色；In^{2-},无色。pK_{a_2}=2.7；pK_{a_3}=13.1;pH=1.5~2.5 与 Fe^{3+} 生成红色配合物
钙镁试剂	0.5% 水溶液	H_2In^-,红色；HIn^{2-},蓝色；In^{3-},红橙。pK_{a_2}=8.1；pK_{a_3}=12.4;金属离子配合物一般为红色
紫脲酸铵	与 NaCl 按 1:100 质量比混合	H_4In^-,红紫色；H_3In^{2-},紫色；H_2In^{3-},蓝色。pK_{a_2}=9.2；pK_{a_3}=10.9

表 4 氧化还原指示剂

指示剂名称	$[H^+]=1\text{mol/L}$,变色点电位/V	颜色变化 氧化态	颜色变化 还原态	溶液配制方法
中性红	0.24	红色	无色	0.05%的60%乙醇溶液
亚甲基蓝	0.36	蓝色	无色	0.05%水溶液
变胺蓝	0.59(pH=2)	无色	蓝色	0.05%水溶液
二苯胺	0.76	紫色	无色	1%的浓硫酸溶液
二苯胺磺酸钠	0.85	紫红	无色	0.5%的水溶液,若溶液混浊,可滴加少量盐酸
N-邻苯氨基苯甲酸	1.08	紫红	无色	0.1g指示剂加20mL 5%碳酸钠溶液,用水稀释至100mL
邻二氮菲-Fe(Ⅱ)	1.06	浅蓝	红色	1.485g 邻二氮菲加 0.965g $FeSO_4$,溶于100mL水中(0.025 mol/L 溶液)
5-硝基邻二氮菲-Fe(Ⅱ)	1.25	浅蓝	紫红	1.608g 5-硝基邻二氮菲,加0.695g $FeSO_4$,溶于100mL水中(0.025mol/L 溶液)

表 5 沉淀滴定吸附指示剂

指示剂	被测离子	滴定剂	滴定条件	溶液配制方法
荧光黄	Cl^-	Ag^+	pH=7~10(一般为7~8)	0.2%乙醇溶液
二氯荧光黄	Cl^-	Ag^+	pH=4~10(一般为5~8)	0.1%水溶液
曙红	Br^-,I^-,SCN^-	Ag^+	pH=2~10(一般为3~8)	0.5%水溶液
溴甲酚绿	SCN^-	Ag^+	pH=4~5	0.1%水溶液
甲基紫	Ag^+	Cl^-	酸性溶液	0.1%水溶液
罗丹明6G	Ag^+	Br^-	酸性溶液	0.1%水溶液
钍试剂	SO_4^{2-}	Ba^{2+}	pH=1.5~3.5	0.5%水溶液
溴酚蓝	Hg^{2+}	Cl^-,Br^-	酸性溶液	0.1%水溶液

附录10 水溶液中某些离子的颜色

离子	颜色	离子	颜色	离子	颜色
无色离子		Cl^-	无色	$[Cr(H_2O)_4Cl_2]^+$	暗绿色
Na^+	无色	ClO_3^-	无色	$[Cr(NH_3)_2(H_2O)_4]^{3+}$	紫红色
K^+	无色	Br^-	无色	$[Cr(NH_3)_3(H_2O)_3]^{3+}$	浅红色
NH_4^+	无色	BrO_3^-	无色	$[Cr(NH_3)_4(H_2O)_2]^{3+}$	橙红色
Mg^{2+}	无色	I^-	无色	$[Cr(NH_3)_5H_2O]^{2+}$	橙黄色
Ca^{2+}	无色	SCN^-	无色	$[Cr(NH_3)_6]^{3+}$	黄色
Sr^{2+}	无色	$[CuCl_2]^-$	无色	CrO_2^-	绿色
Ba^{2+}	无色	TiO^{2+}	无色	CrO_4^{2-}	黄色
Al^{3+}	无色	VO_3^-	无色	$Cr_2O_7^{2-}$	橙色
Sn^{2+}	无色	VO_4^{3-}	无色	$[Mn(H_2O)_6]^{2+}$	肉色
Sn^{4+}	无色	MoO_4^{2-}	无色	MnO_4^{2-}	绿色
Pb^{2+}	无色	WO_4^{2-}	无色	MnO_4^-	紫红色
Bi^{3+}	无色	有色离子		$[Fe(H_2O)_6]^{2+}$	浅绿色
Ag^+	无色	$[Cu(H_2O)_4]^{2+}$	浅蓝色	$[Fe(H_2O)_6]^{3+}$	淡紫色①
Zn^{2+}	无色	$[CuCl_4]^{2-}$	黄色	$[Fe(CN)_6]^{4-}$	黄色
Cd^{2+}	无色	$[Cu(NH_3)_4]^{2+}$	深蓝色	$[Fe(CN)_6]^{3-}$	浅橘黄色
Hg_2^{2+}	无色	$[Ti(H_2O)_6]^{3+}$	紫色	$[Fe(NCS)_n]^{3-n}$	血红色
Hg^{2+}	无色	$[TiCl(H_2O)_5]^{2+}$	绿色	$[Co(H_2O)_6]^{2+}$	粉红色
$B(OH)_4^-$	无色	$[TiO(H_2O_2)]^{2+}$	橘黄色	$[Co(NH_3)_6]^{2+}$	黄色
$B_4O_7^{2-}$	无色	$[V(H_2O)_6]^{2+}$	紫色	$[Co(NH_3)_6]^{3+}$	橙黄色
$C_2O_4^{2-}$	无色	$[V(H_2O)_6]^{3+}$	绿色	$[CoCl(NH_3)_5]^{2+}$	红紫色
Ac^-	无色	VO^{2+}	蓝色	$[Co(NH_3)_5H_2O]^{3+}$	粉红色
CO_3^{2-}	无色	VO_2^+	浅黄色	$[Co(NH_3)_4CO_3]^+$	紫红色
SiO_3^{2-}	无色	$[VO_2(O_2)_2]^{3-}$	黄色	$[Co(CN)_6]^{3-}$	紫色
NO_3^-	无色	$[V(O_2)]^{3+}$	深红色	$[Co(SCN)_4]^{2-}$	蓝色
NO_2^-	无色	$[Cr(H_2O)_6]^{2+}$	蓝色	$[Ni(H_2O)_6]^{2+}$	亮绿色
PO_4^{3-}	无色	$[Cr(H_2O)_6]^{3+}$	紫色	$[Ni(NH_3)_6]^{2+}$	蓝色
AsO_3^{3-}	无色	$[Cr(H_2O)_5Cl]^{2+}$	浅绿色		
AsO_4^{3-}	无色			I_3^-	浅棕黄色
$[SbCl_6]^{3-}$	无色				
$[SbCl_6]^-$	无色				
SO_3^{2-}	无色				
SO_4^{2-}	无色				
S^{2-}	无色				
$S_2O_3^{2-}$	无色				
F^-	无色				

注:① 由于水解生成 $[Fe(H_2O)_5OH]^{2+}$、$[Fe(H_2O)_4(OH)_2]^{2+}$ 等离子,而使溶液呈黄棕色。

附录11 部分化合物的颜色

化 合 物	颜 色	化 合 物	颜 色	化 合 物	颜 色
氧化物		$Sn(OH)_2$	白色	溴化物	
CuO	黑色	$Sn(OH)_4$	白色	$AgBr$	淡黄色
Cu_2O	暗红色	$Mn(OH)_2$	白色	$AsBr$	浅黄色
Ag_2O	暗棕色	$Fe(OH)_2$	白色或绿色	$CuBr_2$	黑紫色
ZnO	白色	$Fe(OH)_3$	红棕色	碘化物	
CdO	棕红色	$Cd(OH)_2$	白色	AgI	黄色
Hg_2O	黑褐色	$Al(OH)_3$	白色	Hg_2I_2	黄绿色
HgO	红色或黄色	$Bi(OH)_3$	白色	HgI_2	红色
TiO_2	白色	$Sb(OH)_3$	白色	PbI_2	黄色
VO	亮灰色	$Cu(OH)_2$	浅蓝色	CuI	白色
V_2O_3	黑色	$CuOH$	黄色	SbI_3	红黄色
VO_2	深蓝色	$Ni(OH)_2$	浅绿色	BiI_3	绿黑色
V_2O_5	红棕色	$Ni(OH)_3$	黑色	TiI_4	暗棕色
Cr_2O_3	绿色	$Co(OH)_2$	粉红色	卤酸盐	
CrO_3	红色	$Co(OH)_3$	褐棕色	$Ba(IO_3)_2$	白色
MnO_2	棕褐色	$Cr(OH)_3$	灰绿色	$AgIO_3$	白色
MoO_2	铅灰色	氯化物		$KClO_4$	白色
WO_2	棕红色	$AgCl$	白色	$AgBrO_3$	白色
FeO	黑色	Hg_2Cl_2	白色	硫化物	
Fe_2O_3	砖红色	$PbCl_2$	白色	Ag_2S	灰黑色
Fe_3O_4	黑色	$CuCl$	白色	HgS	红色或黑色
CoO	灰绿色	$CuCl_2$	棕色	PbS	黑色
Co_2O_3	黑色	$CuCl_2 \cdot 2H_2O$	蓝色	CuS	黑色
NiO	暗黑色	$Hg(NH_2)Cl$	白色	Cu_2S	黑色
Ni_2O_3	黑色	$CoCl_2$	蓝色	FeS	棕黑色
PbO	黄色	$CoCl_2 \cdot H_2O$	蓝紫色	Fe_2S_3	黑色
Pb_3O_4	红色	$CoCl_2 \cdot 2H_2O$	紫红色	CoS	黑色
氢氧化物		$CoCl_2 \cdot 6H_2O$	粉红色	NiS	黑色
$Zn(OH)_2$	白色	$FeCl_3 \cdot 6H_2O$	黄棕色	Bi_2S_3	黑褐色
$Pb(OH)_2$	白色	$TiCl_3 \cdot 6H_2O$	紫色或绿色	SnS	褐色
$Mg(OH)_2$	白色	$TiCl_2$	黑色	SnS_2	金黄色

续表

化合物	颜色	化合物	颜色	化合物	颜色
CdS	黄色	$Hg_2(OH)_2CO_3$	红褐色	$Ni(CN)_2$	浅绿色
Sb_2S_3	橙色	$Co_2(OH)_2CO_3$	红色	$Cu(CN)_2$	浅棕绿色
Sb_2S_5	橙红色	$Cu_2(OH)_2CO_3$	暗绿色①	CuCN	白色
MnS	肉色	$Ni_2(OH)_2CO_3$	浅绿色	AgSCN	白色
ZnS	白色	磷酸盐		$Cu(SCN)_2$	黑绿色
As_2S_3	黄色	$Ca_3(PO_4)_2$	白色	其他含氧酸盐	
硫酸盐		$CaHPO_4$	白色	NH_4MgAsO_4	白色
Ag_2SO_4	白色	$Ba_3(PO_4)_2$	白色	Ag_3AsO_4	红褐色
Hg_2SO_4	白色	$FePO_4$	浅黄色	$Ag_2S_2O_3$	白色
$PbSO_4$	白色	Ag_3PO_4	黄色	$BaSO_3$	白色
$CaSO_4 \cdot 2H_2O$	白色	NH_4MgPO_4	白色	$SrSO_3$	白色
$SrSO_4$	白色	铬酸盐		其他化合物	
$BaSO_4$	白色	Ag_2CrO_4	砖红色	$Fe_4[Fe(CN)_6]_3 \cdot xH_2O$	蓝色
$[Fe(NO)]SO_4$	深棕色	$PbCrO_4$	黄色	$Cu_2[Fe(CN)_6]$	红褐色
$Cu_2(OH)_2SO_4$	浅蓝色	$BaCrO_4$	黄色	$Ag_3[Fe(CN)_6]$	橙色
$CuSO_4 \cdot 5H_2O$	蓝色	$FeCrO_4 \cdot 2H_2O$	黄色	$Zn_3[Fe(CN)_6]_2$	黄褐色
$CoSO_4 \cdot 7H_2O$	红色	硅酸盐		$Co_2[Fe(CN)_6]$	绿色
$Cr(SO_4)_3 \cdot 6H_2O$	绿色	$BaSiO_3$	白色	$Ag_4[Fe(CN)_6]$	白色
$Cr_2(SO_4)_3$	紫色或红色	$CuSiO_3$	蓝色	$Zn_2[Fe(CN)_6]$	白色
$Cr_2(SO_4)_3 \cdot 18H_2O$	蓝紫色	$CoSiO_3$	紫色	$K_3[Co(NO_2)_6]$	黄色
$KCr(SO_4)_2 \cdot 12H_2O$	紫色	$Fe_2(SiO_3)_3$	棕红色	$K_2Na[Co(NO_2)_6]$	黄色
碳酸盐		$MnSiO_3$	肉色	$(NH_4)_2Na[Co(NO_2)_6]$	黄色
Ag_2CO_3	白色	$NiSiO_3$	翠绿色	$K_2[PtCl_6]$	黄色
$CaCO_3$	白色	$ZnSiO_3$	白色	$KHC_4H_4O_6$	白色
$SrCO_3$	白色	草酸盐		$Na[Sb(OH)_6]$	白色
$BaCO_3$	白色	CaC_2O_4	白色	$Na_2[Fe(CN)_5NO] \cdot 2H_2O$	红色
$MnCO_3$	白色	$Ag_2C_2O_4$	白色	$NaAc \cdot Zn(Ac)_2 \cdot 3[UO_2(Ac)_2] \cdot 9H_2O$	黄色
$CdCO_3$	白色	$FeC_2O_4 \cdot 2H_2O$	黄色		
$Zn_2(OH)_2CO_3$	白色	类卤化物			
$BiOHCO_3$	白色	AgCN	白色	$(NH_4)_2MoS_4$	血红色

① 相同浓度硫酸铜和碳酸钠溶液的比例(体积)不同时生成的碱式碳酸铜颜色不同,$CuSO_4 : Na_2CO_3 = 2 : 1.6$ 时,为浅蓝绿色,$CuSO_4 : Na_2CO_3 = 1 : 1$ 时,为暗绿色。

附录 12 常见氢氧化物沉淀的 pH

氢氧化物	开始沉淀时的 pH 初浓度 $[M^{n+}]$ 1mol/L	开始沉淀时的 pH 初浓度 $[M^{n+}]$ 0.01mol/L	完全沉淀时的 pH(残留离子浓度$<10^{-5}$ mol/L)	沉淀开始溶解时的 pH	沉淀完全溶解时的 pH
$Sn(OH)_4$	0	0.5	1	13	15
$TiO(OH)_2$	0	0.5	2.0	—	—
$Sn(OH)_2$	0.9	2.1	4.7	10	13.5
$ZrO(OH)_2$	1.3	2.3	3.8	—	—
HgO	1.3	2.4	5.0	11.5	—
$Fe(OH)_3$	1.5	2.3	4.1	14	—
$Al(OH)_3$	3.3	4.0	5.2	7.8	10.8
$Cr(OH)_3$	4.0	4.9	6.8	12	15
$Be(OH)_2$	5.2	6.2	8.8	—	—
$Zn(OH)_2$	5.4	6.4	8.0	10.5	12～13
Ag_2O	6.2	8.2	11.2	12.7	—
$Fe(OH)_3$	6.5	7.5	9.7	13.5	—
$Co(OH)_2$	6.6	7.6	9.2	14.1	—
$Ni(OH)_2$	6.7	7.7	9.5	—	—
$Cd(OH)_2$	7.2	8.2	9.7	—	—
$Mn(OH)_2$	7.8	8.8	10.4	14	—
$Mg(OH)_2$	9.4	10.4	12.4	—	—
$Pb(OH)_2$		7.2	8.7	10	13
$Ce(OH)_4$		0.8	1.2	—	—
$Th(OH)_4$		0.5		—	—
$Tl(OH)_3$		约 0.6	约 1.6	—	—
H_2WO_4		约 0	约 0	—	—
H_2MoO_4				约 8	约 9
稀土		6.8～8.5	约 9.5	—	—
H_2UO_4		3.6	5.1	—	—

注：摘自北京师范大学化学系无机化学教研室编.简明化学手册.北京：北京出版社，1980.

附录 13　常见难溶化合物的溶度积常数

化 合 物	溶度积(温度/℃)	化 合 物	溶度积(温度/℃)
铝		锂	
铝酸(H_3AlO_3)	4×10^{-13} (15)	碳酸锂	8.15×10^{-4} (25)
	1.1×10^{-15} (18)	镁	
	3.7×10^{-15} (25)	磷酸铵镁	2.5×10^{-13} (25)
氢氧化铝	1.9×10^{-33} (18~20)	碳酸镁	6.82×10^{-6} (25)
钡		氟化镁	5.16×10^{-11} (25)
碳酸钡	2.58×10^{-9} (25)	氢氧化镁	5.61×10^{-12} (25)
铬酸钡	1.17×10^{-10} (25)	二水合草酸镁	4.83×10^{-6} (25)
氟化钡	1.84×10^{-7} (25)	锰	
碘酸钡[$Ba(IO_3)_2 \cdot 2H_2O$]	1.67×10^{-9} (25)	氢氧化锰	4×10^{-14} (18)
碘酸钡	4.01×10^{-9} (25)	硫化锰	1.4×10^{-15} (18)
草酸钡($BaC_2O_4 \cdot 2H_2O$)	1.2×10^{-7} (18)	汞	
硫酸钡	1.08×10^{-10} (25)	氢氧化汞	3.0×10^{-26} (18~25)
镉		硫化汞(红)	4.0×10^{-53} (18~25)
草酸镉($CdC_2O_4 \cdot 3H_2O$)	1.42×10^{-8} (25)	硫化汞(黑)	1.6×10^{-52} (18~25)
氢氧化镉	7.2×10^{-15} (25)	氯化亚汞	1.43×10^{-18} (25)
硫化镉	3.6×10^{-29} (18)	碘化亚汞	5.2×10^{-29} (25)
钙		溴化亚汞	6.4×10^{-23} (25)
碳酸钙	3.36×10^{-9} (25)	镍	
氟化钙	3.45×10^{-11} (25)	硫化镍(Ⅱ)α-NiS	3.2×10^{-19} (18~25)
碘酸钙[$Ca(IO_3)_2 \cdot 6H_2O$]	7.10×10^{-7} (25)	β-NiS	1.0×10^{-24} (18~25)
碘酸钙	6.47×10^{-6} (25)	γ-NiS	2.0×10^{-26} (18~25)
草酸钙	2.32×10^{-9} (25)	银	
草酸钙($CaC_2O_4 \cdot H_2O$)	2.57×10^{-9} (25)	溴化银	5.35×10^{-13} (25)
硫酸钙	4.93×10^{-5} (25)	碳酸银	8.46×10^{-12} (25)
钴		氯化银	1.77×10^{-10} (25)
硫化钴(Ⅱ)α-CoS	4.0×10^{-21} (18~25)	铬酸银	1.2×10^{-12} (14.8)
β-CoS	2.0×10^{-25} (18~25)	铬酸银	1.12×10^{-12} (25)
铜		重铬酸银	2×10^{-7} (25)
一水合碘酸铜	6.94×10^{-8} (25)	氢氧化银	1.52×10^{-8} (20)
草酸铜	4.43×10^{-10} (25)	碘酸银	3.17×10^{-8} (25)
硫化铜	8.5×10^{-45} (18)	碘化银	0.32×10^{-16} (13)
溴化亚铜	6.27×10^{-9} (25)	碘化银	8.52×10^{-17} (25)
氯化亚铜	1.72×10^{-7} (25)	硫化银	1.6×10^{-49} (18)
碘化亚铜	1.27×10^{-12} (25)	溴酸银	5.38×10^{-5} (25)
硫化亚铜	2×10^{-47} (16~18)	硫酸银	0.49×10^{-12} (18)
硫氰酸亚铜	1.77×10^{-13} (25)	硫氢酸银	1.03×10^{-12} (25)
亚铁氰化铜	1.3×10^{-16} (18~25)	锶	
氢氧化铜	1.3×10^{-20} (18~25)	碳酸锶	5.60×10^{-10} (25)
铁		氟化锶	4.33×10^{-9} (25)
氢氧化铁	2.79×10^{-39} (25)	草酸锶	5.61×10^{-8} (18)
氢氧化亚铁	4.87×10^{-17} (18)	硫酸锶	3.44×10^{-7} (25)
草酸亚铁	2.1×10^{-7} (25)	铬酸锶	2.2×10^{-5} (18~25)
硫化亚铁	3.7×10^{-19} (18)	锌	
铅		氢氧化锌	3×10^{-17} (25)
碳酸铅	7.4×10^{-14} (25)	草酸锌($ZnC_2O_4 \cdot 2H_2O$)	1.38×10^{-9} (25)
铬酸铅	1.77×10^{-14} (18)	硫化锌	1.2×10^{-23} (18)
氟化铅	3.3×10^{-8} (25)		
碘酸铅	3.69×10^{-13} (25)		
碘化铅	9.8×10^{-9} (25)		
草酸铅	2.74×10^{-11} (18)		
硫酸铅	2.53×10^{-8} (25)		
硫化铅	3.4×10^{-28} (18)		

参 考 文 献

[1] 李运涛. 无机及分析化学实验. 北京：化学工业出版社，2019.
[2] 李艳辉. 无机及分析化学实验. 南京：南京大学出版社，2006.
[3] 陈若愚，朱建飞. 无机及分析化学实验. 北京：化学工业出版社，2018.
[4] 罗蒨，郑燕英. 分析化学实验. 北京：中国林业出版社，2019.
[5] 侯振雨，等. 无机及分析化学实验. 北京：化学工业出版社，2014.
[6] 李梅. 化学实验与生活. 北京：化学工业出版社，2009.
[7] 申世刚，等. 基础化学实验 5 综合设计与探索. 北京：化学工业出版社，2016.
[8] 李志林，等. 无机及分析化学实验. 北京：化学工业出版社，2015.
[9] 刘永红. 无机及分析化学实验. 北京：科学出版社，2016.
[10] 李爱勤，侯学会. 大学化学实验. 北京：中国农业大学出版社，2016.
[11] 徐莉英，等. 无机及分析化学实验. 上海：上海交通大学出版社，2004.
[12] 王仁国，游承干. 无机及分析化学实验. 成都：四川科学技术出版社，2003.
[13] 宋光泉. 大学通用化学实验技术. 北京：高等教育出版社，2018.
[14] 王军等. 物理化学实验. 北京：化学工业出版社，2015.
[15] 北京师范大学，东北师范大学，华中师范大学，等. 无机化学实验. 第 3 版. 北京：高等教育出版社，2001.
[16] 陶建中. 基础化学实验. 成都：四川科学技术出版社，1998.
[17] 浙江大学，华东理工大学，四川大学. 新编大学化学实验. 北京：高等教育出版社，2003.
[18] 武汉大学. 分析化学实验. 第 4 版. 北京：高等教育出版社，2001.
[19] 南京大学. 大学化学实验. 北京：高等教育出版社，2001.
[20] 马春花. 无机及分析化学实验. 北京：高等教育出版社，2001.
[21] 吴泳. 大学化学新体系实验. 北京：北京科学出版社，2001.
[22] 刘约权，李贵深. 实验化学（上、下册）. 北京：高等教育出版社，1999.
[23] 浙江大学，南京大学，北京大学，兰州大学. 综合化学实验. 北京：高等教育出版社，2001.
[24] 蔡明招. 实用工业分析. 广州：华南理工大学出版社，1999.
[25] 徐甲强，崔战华，刘秉涛. 无机及普通化学实验. 郑州：河南科学技术出版社，1995.
[26] 丁美荣. 水泥质量及化验技术. 第 2 版. 北京：中国建材出版社，1997.
[27] 张金柱. 工业分析. 重庆：重庆大学出版社，1997.
[28] 华东化工学院. 无机化学实验. 第 3 版. 北京：高等教育出版社，2000.
[29] 奚旦立，刘秀英，郭安然. 环境监测. 北京：高等教育出版社，1994.
[30] 曾淑兰. 工科大学化学实验. 天津：天津大学出版社，1994.
[31] 周俊美，金谷，等. 定量化学分析实验. 合肥：中国科技大学出版社，1995.

附录 13 常见难溶化合物的溶度积常数

化 合 物	溶度积(温度/℃)	化 合 物	溶度积(温度/℃)
铝		锂	
铝酸(H_3AlO_3)	$4×10^{-13}$(15)	碳酸锂	$8.15×10^{-4}$(25)
	$1.1×10^{-15}$(18)	镁	
	$3.7×10^{-15}$(25)	磷酸铵镁	$2.5×10^{-13}$(25)
氢氧化铝	$1.9×10^{-33}$(18~20)	碳酸镁	$6.82×10^{-6}$(25)
钡		氟化镁	$5.16×10^{-11}$(25)
碳酸钡	$2.58×10^{-9}$(25)	氢氧化镁	$5.61×10^{-12}$(25)
铬酸钡	$1.17×10^{-10}$(25)	二水合草酸镁	$4.83×10^{-6}$(25)
氟化钡	$1.84×10^{-7}$(25)	锰	
碘酸钡[$Ba(IO_3)_2·2H_2O$]	$1.67×10^{-9}$(25)	氢氧化锰	$4×10^{-14}$(18)
碘酸钡	$4.01×10^{-9}$(25)	硫化锰	$1.4×10^{-15}$(18)
草酸钡($BaC_2O_4·2H_2O$)	$1.2×10^{-7}$(18)	汞	
硫酸钡	$1.08×10^{-10}$(25)	氢氧化汞	$3.0×10^{-26}$(18~25)
镉		硫化汞(红)	$4.0×10^{-53}$(18~25)
草酸镉($CdC_2O_4·3H_2O$)	$1.42×10^{-8}$(25)	硫化汞(黑)	$1.6×10^{-52}$(18~25)
氢氧化镉	$7.2×10^{-15}$(25)	氯化亚汞	$1.43×10^{-18}$(25)
硫化镉	$3.6×10^{-29}$(18)	碘化亚汞	$5.2×10^{-29}$(25)
钙		溴化亚汞	$6.4×10^{-23}$(25)
碳酸钙	$3.36×10^{-9}$(25)	镍	
氟化钙	$3.45×10^{-11}$(25)	硫化镍(Ⅱ)α-NiS	$3.2×10^{-19}$(18~25)
碘酸钙[$Ca(IO_3)_2·6H_2O$]	$7.10×10^{-7}$(25)	β-NiS	$1.0×10^{-24}$(18~25)
碘酸钙	$6.47×10^{-6}$(25)	γ-NiS	$2.0×10^{-26}$(18~25)
草酸钙	$2.32×10^{-9}$(25)	银	
草酸钙($CaC_2O_4·H_2O$)	$2.57×10^{-9}$(25)	溴化银	$5.35×10^{-13}$(25)
硫酸钙	$4.93×10^{-5}$(25)	碳酸银	$8.46×10^{-12}$(25)
钴		氯化银	$1.77×10^{-10}$(25)
硫化钴(Ⅱ)α-CoS	$4.0×10^{-21}$(18~25)	铬酸银	$1.2×10^{-12}$(14.8)
β-CoS	$2.0×10^{-25}$(18~25)	铬酸银	$1.12×10^{-12}$(25)
铜		重铬酸银	$2×10^{-7}$(25)
一水合碘酸铜	$6.94×10^{-8}$(25)	氢氧化银	$1.52×10^{-8}$(20)
草酸铜	$4.43×10^{-10}$(25)	碘酸银	$3.17×10^{-8}$(25)
硫化铜	$8.5×10^{-45}$(18)	碘化银	$0.32×10^{-16}$(13)
溴化亚铜	$6.27×10^{-9}$(25)	碘化银	$8.52×10^{-17}$(25)
氯化亚铜	$1.72×10^{-7}$(25)	硫化银	$1.6×10^{-49}$(18)
碘化亚铜	$1.27×10^{-12}$(25)	溴银	$5.38×10^{-5}$(25)
硫化亚铜	$2×10^{-47}$(16~18)	硫氢酸银	$0.49×10^{-12}$(18)
硫氰酸亚铜	$1.77×10^{-13}$(25)	硫氢酸银	$1.03×10^{-12}$(25)
亚铁氰化铜	$1.3×10^{-16}$(18~25)	锶	
氢氧化铜	$1.3×10^{-20}$(18~25)	碳酸锶	$5.60×10^{-10}$(25)
铁		氟化锶	$4.33×10^{-9}$(25)
氢氧化铁	$2.79×10^{-39}$(25)	草酸锶	$5.61×10^{-8}$(18)
氢氧化亚铁	$4.87×10^{-17}$(18)	硫酸锶	$3.44×10^{-7}$(25)
草酸亚铁	$2.1×10^{-7}$(25)	铬酸锶	$2.2×10^{-5}$(18~25)
硫化亚铁	$3.7×10^{-19}$(18)	锌	
铅		氢氧化锌	$3×10^{-17}$(25)
碳酸铅	$7.4×10^{-14}$(25)	草酸锌($ZnC_2O_4·2H_2O$)	$1.38×10^{-9}$(25)
铬酸铅	$1.77×10^{-14}$(18)	硫化锌	$1.2×10^{-23}$(18)
氟化铅	$3.3×10^{-8}$(25)		
碘酸铅	$3.69×10^{-13}$(25)		
碘化铅	$9.8×10^{-9}$(25)		
草酸铅	$2.74×10^{-11}$(18)		
硫酸铅	$2.53×10^{-8}$(25)		
硫化铅	$3.4×10^{-28}$(18)		

参 考 文 献

[1] 李运涛. 无机及分析化学实验. 北京：化学工业出版社，2019.
[2] 李艳辉. 无机及分析化学实验. 南京：南京大学出版社，2006.
[3] 陈若愚，朱建飞. 无机及分析化学实验. 北京：化学工业出版社，2018.
[4] 罗蒨，郑燕英. 分析化学实验. 北京：中国林业出版社，2019.
[5] 侯振雨，等. 无机及分析化学实验. 北京：化学工业出版社，2014.
[6] 李梅. 化学实验与生活. 北京：化学工业出版社，2009.
[7] 申世刚，等. 基础化学实验 5 综合设计与探索. 北京：化学工业出版社，2016.
[8] 李志林，等. 无机及分析化学实验. 北京：化学工业出版社，2015.
[9] 刘永红. 无机及分析化学实验. 北京：科学出版社，2016.
[10] 李爱勤，侯学会. 大学化学实验. 北京：中国农业大学出版社，2016.
[11] 徐莉英，等. 无机及分析化学实验. 上海：上海交通大学出版社，2004.
[12] 王仁国，游承干. 无机及分析化学实验. 成都：四川科学技术出版社，2003.
[13] 宋光泉. 大学通用化学实验技术. 北京：高等教育出版社，2018.
[14] 王军等. 物理化学实验. 北京：化学工业出版社，2015.
[15] 北京师范大学，东北师范大学，华中师范大学，等. 无机化学实验. 第 3 版. 北京：高等教育出版社，2001.
[16] 陶建中. 基础化学实验. 成都：四川科学技术出版社，1998.
[17] 浙江大学，华东理工大学，四川大学. 新编大学化学实验. 北京：高等教育出版社，2003.
[18] 武汉大学. 分析化学实验. 第 4 版. 北京：高等教育出版社，2001.
[19] 南京大学. 大学化学实验. 北京：高等教育出版社，2001.
[20] 马春花. 无机及分析化学实验. 北京：高等教育出版社，2001.
[21] 吴泳. 大学化学新体系实验. 北京：北京科学出版社，2001.
[22] 刘约权，李贵深. 实验化学（上、下册）. 北京：高等教育出版社，1999.
[23] 浙江大学，南京大学，北京大学，兰州大学. 综合化学实验. 北京：高等教育出版社，2001.
[24] 蔡明招. 实用工业分析. 广州：华南理工大学出版社，1999.
[25] 徐甲强，崔战华，刘秉涛. 无机及普通化学实验. 郑州：河南科学技术出版社，1995.
[26] 丁美荣. 水泥质量及化验技术. 第 2 版. 北京：中国建材出版社，1997.
[27] 张金柱. 工业分析. 重庆：重庆大学出版社，1997.
[28] 华东化工学院. 无机化学实验. 第 3 版. 北京：高等教育出版社，2000.
[29] 奚旦立，刘秀英，郭安然. 环境监测. 北京：高等教育出版社，1994.
[30] 曾淑兰. 工科大学化学实验. 天津：天津大学出版社，1994.
[31] 周俊美，金谷，等. 定量化学分析实验. 合肥：中国科技大学出版社，1995.